図解 思わずだれかに話したくなる

身近にあふれる 「昆虫」が 3時間でわかる本

金子 大輔

色とりどりの美しい虫

Adobe Stock

ミヤマカラスアゲハ
→p.074

オオスカシバ
→p.094

ショウジョウトンボ
→p.070

オオミズアオ
→p.086

身近だけどすごい！
こんな虫

弱いけど
驚異の繁殖力！
アブラムシ
→ P.062

とにかく
数で生き残れ！戦略

\ふ化/

卵

メスばっかり

クローンで増える

\オス出現/

交尾

卵が
冬を
越す

産卵

春　　　　夏　　秋　　冬

体内で爆弾を
生成する！
ミイデラゴミムシ
→ P.116

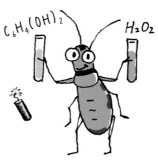

$C_6H_4(OH)_2$　　　H_2O_2

この顔、誰でしょう？

答えは p.10 へ

けっこう
可愛い顔
なんだよ

赤ちゃんだよ

仲間の中では
大きいほうだよ

モフモフだよ

優秀なハンター
だよ

昆虫界最強!?

可愛い
赤ちゃんです

こう見えて
きれい好き

手乗り、
ヒトと仲良しな虫たち

ヒゲコガネ

ナナホシテントウ

スゲドクガの幼虫

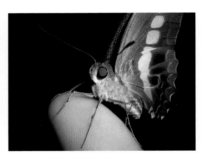

アオスジアゲハ

ショウリョウバッタ

そ〜っと
触れてね

はじめに

　数多くの昆虫・虫の書籍の中から、本書を手に取ってくださり、誠にありがとうございます。そして、世にも蠱惑的な昆虫の世界へようこそ！

　昆虫はかつて３K（汚い、気持ち悪い、怖い）でしたが、時代と共に新３K（きれい、可愛い、格好いい）へと変わってきています。

　灯火に飛んできたガの顔をじっくりご覧になったことがあるでしょうか。思いのほか可愛くてびっくりすること間違いなしです。少なくとも子ネコやパンダを可愛いと感じる方でしたら、確実にそう感じると思います。

　庭木にいた毛虫が将来何になるか、ご存じでしょうか。毛虫がチョウやガになる瞬間は、神秘的という言葉では足りないほどに、心を震わせてくれる生命現象です。

　幸い、昆虫は海底以外ほとんどどこにでもいます。海底在住の方はあまりいらっしゃらないと思うので、多くの方が昆虫と接する機会に恵まれているといえるでしょう。ぜひとも昆虫と友だちになることを検討していただけたら、幸いに思います。

　また妙なトラウマでも作ってしまわない限り、子どもたちはみんな昆虫が大好きです。お母さんお父さんには、子どもが虫・昆虫に興味をもったら、ぜひとも背中を押してあげてほしいと思います。

　今後AIが発達すると「勉強ができる」「仕事ができる」ということにあまり価値がなくなるという、恐ろしい時代が訪れるかもしれません。人間は何を目標に生きていけばよいか？

　そうなると求められるのは人間力です。筆者は人間にとって特に大

切なものを、探求心（好奇心）、優しさ、勇気、覚悟、創造性、愛の
6つだと思っています。昆虫は人として大切な6つのことを教えてく
れる優れた教師でもあります。

　一度昆虫・虫の魅力にハマってしまったら、抜け出すことは困難で
す。本書はそんな危ない世界へと読者の皆さまをいざないます。さあ、
心の準備ができましたらページをめくってください。

この顔、誰でしょう？の答え

ガの仲間

シオヤアブ

サザナミスズメ
の幼虫

オオスズメバチ

アメリカシロヒトリ

ゴキブリの
幼虫

ウチワヤンマ

キンバエの仲間

もくじ

第2章　身近にいてヒヤッとする虫も実はすごい!

第3章　昆虫って何者だ？！

第4章　人間と昆虫

第 1 章

こんなにすごいぞ！
昆虫たち

01 日本最大の昆虫たち

小さいというイメージが強い昆虫たち。それでもオニヤンマ、オオゴマダラ、ヨナグニサン、ショウリョウバッタなどびっくりするようなサイズの昆虫が日本にもいます。

昆虫はどちらかというと、からだを小さくする方向に進化しました。約3億年前の石炭紀には、メガネウラと呼ばれる翅を広げると70cmもものトンボのような生き物が存在しましたが、もちろん現在はそんな怪虫はいません。すごく大きなチョウといっても、オオワシより大きいなんてことはないのです。

それでも彼らなりに大きく立派な個体を見ると、感動を覚えます。子どもの頃、体長10cm以上もあるオニヤンマが頭上を通過し、ドキドキしながら追いかけた、なんていう経験がある方も多いのではないでしょうか。

いろいろな昆虫について、日本最大種を見ていきましょう。まず先ほどのオニヤンマは日本最大のトンボで、メスの大きなものは110mmに達します。行動が素早く、捕まえるにはコツがいりますし、大きく鮮やかな緑色の複眼と目が合う（？）と吸い込まれそうな気持ちになります。

日本最大のチョウは、沖縄に生息するオオゴマダラかモンキアゲハの夏型です。一般に春型より夏型のほうが大きく成長します。開長※はオオゴマダラで150mmに達し、モンキアゲハも140mmを超えます。

※開長：翅を広げたときの右端から左端までの長さ。

※季節型：羽化する季節によって形態が異なること。チョウでは主に、蛹で越冬して春に羽化したものを春型、春型が産卵し成長して夏に羽化するものを夏型と呼びます。

　ガではヨナグニサンがいます。開長が300mmに達し、モスラのモデルになったといわれています。沖縄県八重山諸島に生息し、天然記念物に指定されています。成虫は口が退化して、何も食べることができません。

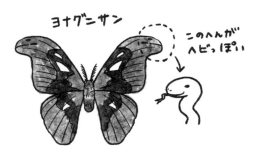

　アリではクロオオアリとムネアカオオアリで女王アリは体長17mmに達します。アリとしては規格外のサイズですね。ハチではオオスズメバチで女王バチは体長55mm、スズメバチの中でも最も狂暴で毒が強いことで知られています。
　バッタではトノサマバッタと思いきや、ショウリョウバッタのメスで大きなものは体長180mmにもなります。

　ゴキブリではヤエヤママダラゴキブリで体長50mm。こんなもの

がキッチンに出没したら……とぞっとした方もいるかもしれませんが心配は無用です。ヤエヤママダラゴキブリは野外に生息し、滅多に屋内には入ってきません。さらに動きがとてもゆっくりでカブトムシのようです。ネットでも「ゴキブリ特有の嫌悪感はない」「意外に愛せる」という声が多く見られました。ちなみにメジャーなクロゴキブリは体長35mmくらいです。

　最後に日本最大のイモムシ、毛虫を紹介します。一般にチョウやガの幼虫のうち、比較的毛深いものを毛虫、毛の少ない（ない）ものをイモムシと呼びます。アオムシという呼び方は主としてモンシロチョウの幼虫に使われます。

　さらにシャクガ科の幼虫はシャクトリムシ、ヨトウガなどの幼虫はヨトウムシと呼ばれます。

　日本最大のイモムシはオオシモフリスズメの幼虫で体長130mm、毛虫はイワサキカレハ※の幼虫で大きなものだと体長150mmに達します。イワサキカレハの幼虫は毒針毛までもち、沖縄ではヤマンギと呼ばれ恐れられています。

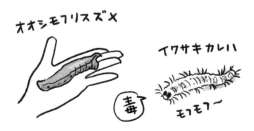

※イワサキカレハはクヌギカレハの亜種とも考えられています。

022

02　世界最大の昆虫たち

世界最大ともなれば、そのサイズは規格外。ヘラクレスオオカブトムシ、ゴライアスオオハナムグリ、オオコノハギス、ナンベイオオヤガ、テイオウゼミ、ヨロイモグラゴキブリ。一度は本物に会いたいですね。

　では世界に目を向けるとどうでしょうか。おそらく皆さまのイメージどおり、熱帯多雨林には非常に多くの昆虫が生息し、砂漠や極地に近づくにつれて少なくなります。とはいえ、極地や砂漠に適応したマイナー昆虫も存在するので、地球の気候が変化してしまうと絶滅の危機に瀕する昆虫も出てくるのです。

　世界最大のカブトムシはヘラクレスオオカブトムシで体長は大きなもので180mmに達します。メキシコ南部から南アメリカ大陸中部の熱帯多雨林に生息しています。なお、日本のカブトムシは体長約30〜50mm（オスの角を除く）です。

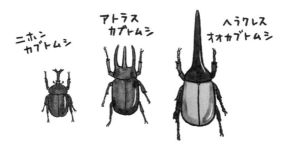

　コガネムシはゴライアスオオハナムグリが挙げられます。体長は100mmを超え、アフリカ大陸に生息しています。比較として、日本で多く見られるシロテンハナムグリでは20〜25mmです。

バッタに関しては、800mmを超えるものがいるといわれ、手に取った写真も存在します。しかしそれは突然変異であって、通常はこんなに大きくならないという意見もあり、今後の研究に期待したいところですね。

　キリギリスではオオコノハギスで体長120mmになります。キリギリスというと狂暴で噛まれると痛い、セミなどを襲う、そんなイメージがあるかもしれませんが、オオコノハギスは大変おとなしいことが特徴です。草食で少食、滅多に動かず、ナマケモノのような行動パターンです。マレー半島周辺に生息しています。

　チョウはアレキサンドラトリバネアゲハで、メスは開長230mmにもなります。発見者は、鳥と間違えて散弾銃で撃ち落としました。ガはヘラクレスサンで、開長270mm、日本のヨナグニサン（世界2位）に及ばないと思いきや、翅の面積300cm^{2}はダントツです。ヘラクレスサン、ヨナグニサンと並んでナンベイオオヤガも世界最大級のガとして有名です。ヘラクレスサンはオーストラリア周辺、ナンベイオオヤガは中南米の熱帯多雨林に生息しています。

　セミはマレー半島周辺に生息するテイオウゼミで、翅の先までの大きさが115mm、翅を開くと200mmを超える個体もいます。

　世界最大の体重35gもあるとして知られるのはヨロイモグラゴキブリで、動きが鈍く日本でもペットとして愛好する人が多くいます（意外に若い女性に多い）。

　慣れるまでは触ろうとすると「プシュー！」と威嚇音を出されます。オーストラリアの熱帯多雨林に生息しています。体長では南米原産で110mmに達するナンベイオオチャバネゴキブリで、翅を広げると200mm以上になります。

03 カブトムシの怪力

昆虫の王者、カブトムシ！昔から子どもたちの人気者です。人気の秘密は、姿形だけでなく、比較的簡単に飼育できること、そしてカブトムシの生態、性格にもあるようです。

　日本でカブトムシという名をもつ昆虫は、皆さまご存知のカブトムシと、皆さまご存知でないコカブトムシがいます。コカブトムシは朽木の下などでじっとしていることが多いうえ個体数が少なく、仮に一所懸命に探しても滅多に目にすることができません。コカブトムシは肉食性で小昆虫やクモなどを食べています。

　ここでは「皆さまご存知カブトムシ」について話を進めていきます。

　カブトムシは、昔から子どもたちに大人気です。カブトムシは日本最大の甲虫で、日本の夏といえばカブトムシを連想する方も多いことでしょう。野生では樹液を舐めますが、果物やペットショップなどで売っている「昆虫ゼリー」をエサとして代用でき、飼育が容易なことも人気に拍車をかけているのかもしれません。

　野生のカブトムシは特にワイルドです。以前、筆者が伊豆へ旅行に行ったときに窓を網戸だけにして飲み会をしていたところ、カブトムシが網戸に激突してきたことがあります。お酒の匂いが樹液に似てい

たために、引き寄せられてきたのでしょう。ガサッとものすごい音がして驚かされました。捕まえようとしようものなら、よほどカブトムシの扱いに熟練していない限り、手が傷だらけになることは覚悟しなければなりません。さすが昆虫の王者です。

　カブトムシのオスの角は、メスへのアピールのために発達してきたと考えられます。クジャクの羽やシカの角と同じですね。成長期の栄養状態などによっても大きく変化します。

　角の形は種によって異なります。アジアで最大のカブトムシであるコーカサスオオカブトは、大きな3本の角で、他の昆虫だけでなく、交尾を拒否したメスに対してさえ容赦ない攻撃を加えます。しかも死体にも延々と攻撃を続けるとか。

　このようなカブトムシと比べると、日本のカブトムシは平和的だと感じます。十分に広い環境では、相手が死ぬまで攻撃することは通常ありません。こんなところも、日本でカブトムシが大人気である隠れた一因かもしれません。

　カブトムシのからだをじっくり観察してみると、まるで哺乳類のように、とまではいいませんが、細かい毛がたくさん生えていることがわかります。これは水を弾いたり、土などの汚れがつきにくくしたりしています。メスのほうが毛深いのは、土に潜って産卵するためでしょう。

また、カブトムシは爪を使って木などにしがみつきます。かなり強力にしがみついているので、このときに無理に引っ張ると爪が取れてしまうことがあり、注意が必要です。少し引っ張った後手を離すと爪がまっすぐになり、しがみつく力が弱まるのでこの瞬間を狙って捕まえます。

　カブトムシは、クヌギやコナラの樹液が特に大好きです。都心近くでも、これらの樹木が植えられている公園などでは、カブトムシが生息しています。

　カブトムシのオスは、メスや餌場をめぐってよくケンカをします。頭についている自慢の角を使い、相手をもち上げて放り投げたほうが勝ちです。相撲や柔道に似ていますね。そう、カブトムシの社会では力持ちがモテるという厳しい面があるのです。

　カブトムシは、自分の体重の20倍程度の重さのものを引っ張れるといわれています。ヒトにたとえるとそのすごさがわかります。体重60kgのヒトが1.2トンのものを引っ張るようなものです。1.2トンといえば自動車1台に匹敵します。

　こんな力持ちですから、飼育するときには蓋をしっかり閉めておかないと、自ら蓋を開けて脱走してしまいます。またオス同士がケンカするときには、かなり体力を消耗します。ケンカに負けて傷ついた個体ばかりでなく、勝った個体も寿命を縮めてしまいます。

　なるべく大きな飼育器を使い、オス1頭に対してメス2〜3頭くらいを入れるとよいでしょう。オスとメスは基本的にはケンカしません。

　どれくらいの頻度で、どれくらい激しいケンカをするのかは相性にもよります。相性がよいと、密度が高めでも平和的に生活してくれます。

04　テントウムシの警戒色

> 英語では ladybug と呼ばれる、可愛く美しいテントウムシ。種類も食べ物も
> いろいろで、日本では 180 種が知られています。派手できれいな模様をして
> いるのはなぜでしょうか。

　虫が苦手でも、テントウムシは大丈夫という方がいるかもしれません。丸くて小さく、可愛らしくて美しいテントウムシ。テントウムシは英語で ladybug とか lady beetle とか ladybird などと呼ばれ、縁起のよい虫として殺してはならないとされます。

　「テントウムシが手にとまると結婚が近い」「テントウムシが飛んで行った方向に運命の人がいる」など、テントウムシを幸運のシンボルとする迷信も多く存在します。

　テントウムシは日本で 180 種ほどが知られています。ナナホシテントウ（7 星）、トホシテントウ（10 星）、ジュウニマダラテントウ（12 星）、ジュウサンホシテントウ（13 星）、ジュウシホシテントウ（14 星）、ジュウロクホシテントウ（16 星）、ニジュウヤホシテントウ（28 星）……すべて日本に存在します。またナミテントウは多様性に富んでいて、同じナミテントウの中に 2 星の個体から無数の星をもつ個体までいます。

　テントウムシはなぜ、あんなにきれいで派手な色彩をしているのでしょうか?　緑色の葉の上を歩いていたらあまりにも目立ちすぎて、隠れる気ゼロというのはわかります。

　実は「警戒色」といって逆に目立たせているのです。赤、黄色、黒というのは「危険」のサインです。人間社会でも「黄色と黒」は踏切など注意喚起するときに使う配色です。黄色と黒のスズメバチやトラを見るとドキッとします。警戒色は地球の生物共通のサインともいえるのです。

　ではテントウムシはどのように危険なのでしょうか。鳥などがテントウムシを捕食しようとすると、テントウムシは仰向けになって脚を縮め、口や脚、腹のすきまから苦くて臭く黄色い液体を出します。これで鳥はギョエッとなるのです。

　一度酷い目に遭った鳥は、二度とテントウムシを捕食しようとはしません。嫌な思い出と強烈な色彩がセットになってしっかり記憶に刻まれますから。

　ちなみに可愛らしいladybugには、園芸や農業害虫であるアブラムシ、カイガラムシを捕食する益虫が多くいます。キイロテントウやシロホシテントウなどにおいては、なんと、うどんこ病の病原菌を食べます。その一方でニジュウヤホシテントウはナス科の植物の葉を食べる草食性です。多くの種類のテントウムシがいるので食性がよくわかっていないものもいますが、いつかとんでもないものを食べているテントウムシが見つかるかもしれませんね。

　肉食性のテントウムシは可愛い姿に似合わず貪欲で、卵から孵化するとまず孵化が遅れた兄弟を齧り始めます。その後も共喰いも辞さない姿勢は崩しません。肉食性のテントウムシの幼虫を飼育するときには、一頭ずつ分けて飼うほうがよいでしょう。

　テントウムシの他にも、警戒色によって身を守る生き物は多くいます。スズメバチ、シロシタホタルガやミノウスバの幼虫などが有名です。

　さらにオオスカシバのような無害なガが、スズメバチに似せる（ベイツ型擬態※）ということも昆虫界ではよく見られます。

※擬態：他の物に姿や形を似せて身を守ること。警戒色によって周囲に危険を知らせる生物に似せるベイツ型擬態、危険な生物がお互いに似通った容姿をするミューラー型擬態、周囲の植物や地面に似せる隠蔽擬態などがある。

05 虫に性格はあるの？

虫けらというなかれ。昆虫にも性格があります。気性の激しいノコギリクワガタ、温和なオオクワガタ。同じ種でもさらに個性があります。

　動物にも性格、個性があります。臆病なイヌや甘えん坊のネコなどは想像に難くないですが、昆虫にも性格はあるのです。イヌやネコと同様、個体ごとの違いもありますが、種によってもある程度の傾向が見られます。

　たとえば、クワガタの中でもオオクワガタやコクワガタは性格が温和です。ちなみにオオクワガタとコクワガタは遺伝学的にも近く、オオコクワガタという中間雑種を生じることがあります。しかしこのオオコクワガタには生殖能力がないので、オオクワガタとコクワガタは別の種とみなすことになります。

　一方でノコギリクワガタやミヤマクワガタ、ヒラタクワガタあたりは気性が荒く、オス同士でケンカするばかりか、メスを殺してしまうこともあります。きっかけとしては、求愛したがフラれて逆ギレ、産卵中にちょっかいを出してメスに怒られて逆ギレ……などいろいろです。

　もちろん個体差、地域差もあるので、オオクワガタでもメス殺しが起こることはあり得ます。

　外来種では、ニジイロクワガタ（オーストラリア産）が性格温和なことで知られています。名前通り、虹色に輝く世にも美しいクワガタでもあり、性格も容姿も最高だと人気沸騰中です。

　クワガタの他には、イモムシなどでも性格の違いがあって大変面白いです。ウスタビガやヤママユの幼虫は、イモムシ・毛虫としては珍しくケンカっ早く、幼虫同士が出会うとドッタンバッタン大騒ぎです。彼らは孤高を好むので、飼育する際には一頭ずつ分けてやることが大事です。

　スズメガ科のオオスカシバの幼虫は、高密度でも一切ケンカせず、たとえエサがなくなってもいい子にしています。

　昆虫はこれまで「下等な生物」と考えられてきたこともあり、あまり行動や性格については研究が進んでいませんが、身近な昆虫の性格の違いに着目しても興味が尽きないことでしょう。

06 ホタルにも方言がある

昆虫は、人間が思っている以上に複雑なコミュニケーションを取っているようです。東日本のホタルは4秒周期、西日本などでは2秒周期、長野では3秒周期で点滅するのです。

　もし飼育している昆虫を飼いきれなくなったらどうしますか？　少し前は、在来種（その地域にいる昆虫）なら逃がしてやりましょう、といわれました。

　外来種（外国産の昆虫、他地方の昆虫）は昔も今も、むやみに野外に放してはいけません。生態系を大きく乱したり、農業などに大打撃を与える可能性があったりするためです。たとえば、かつてはどこにでも普通に見られたミノムシ（オオミノガ）が、首都圏では絶滅に瀕しています。1996年以降、オオミノガに寄生する外来種のオオミノガヤドリバエが猛威を振るっているためです。

　では在来種なら放してもよいのでしょうか。最近では、一度飼育したものは一生責任をもって飼育するのが望ましいといわれるようになりました。飼育下に置いたことによってどんな病気に感染しているか想像がつかないためです。

　その他にもいろいろなシチュエーションが考えられます。たとえば、腹部末端にある発光器の中で起こる生化学的な酸化反応によって発光するゲンジボタル。発光器の中にはルシフェリンという物質とルシフェラーゼという酵素があり、ルシフェリンにルシフェラーゼが加わると酸化反応が進み、黄緑色に発光するのです。

　ゲンジボタルは発光することでコミュニケーションを取り求愛をします。同じゲンジボタルでも地域によって光り方、明滅速度のパターンが異なります。東日本では4秒に1回点滅する4秒周期、静岡や山

梨、西日本では 2 秒周期、その中間付近の長野あたりでは 3 秒周期で
あることが知られています。さらに 1 秒周期のゲンジボタルが長崎県
の五島列島に生息することが、長崎大学教育学部の研究グループによ
って明らかにされました。

　どんな周期で光るかは遺伝子によって異なります。飼育下に置いた
ことで遺伝子が独特の変化をして野生のものと異なってしまっていた
らどうでしょうか。発光してもコミュニケーションが取れないという
ことになってしまったり、野生の遺伝子をかき乱してしまうことにな
ってしまったりします。

07 ハイイロチョッキリ

晩夏〜初秋の頃、頭上から枝つきのドングリが落ちてきたら、それはきっと
ハイイロチョッキリの仕業です。ドングリの中には卵が眠っているはずです。

晩夏〜初秋の頃、いきなり頭上から枝つきのドングリが落ちてきた
経験はないでしょうか。落ちてきた枝をよく見ると、鋭利な刃物で切
ったような切り口をしています。自然に枯死して落ちてきたと考える
には不自然です。さらにドングリをよく見ると、小さな穴が開いてい
ます。

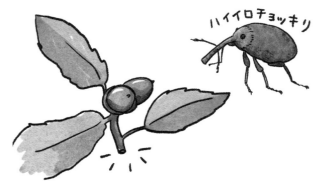

実はこれ、ハイイロチョッキリというゾウムシの仲間の仕業です。
ハイイロチョッキリはゾウのような長い口の先に丈夫な顎をもち、こ
れでドングリに穴を開けて中に卵を産みます。産卵を終えると、枝ご
とドングリを切り落とすのです。

なぜ切り落とすのかについては諸説ありますが、他のメスが同じド
ングリに産卵することを防ぐためと考えられています。同じドングリ
で多数の幼虫が産まれると食べ物が不足してしまうからです。

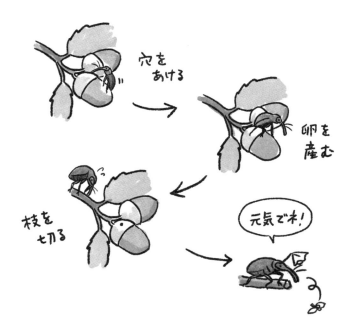

　ハイイロチョッキリのメスにとって、ドングリに穴を開けてから枝を切り落とすまで、３時間以上もかかる大仕事です。もし道路にドングリつきの枝が落ちていたら、プチボランティアとして、枝を森林の中に放ってやってはいかがでしょうか。

　ハイイロチョッキリが枝を切り落とす理由としてよくいわれるもう一つの説が木の防御機構を避けるためです。植物は昆虫などに食べられると、その昆虫の成長を阻害する毒素を出したり、天敵を呼ぶ物質を出したりします。

　こうした木の反撃から逃れるために枝を切り落とすというのです。

08 潰すとヤケドする虫

潰すな危険！　むやみに虫を潰すと、とんでもないペナルティを受けることがあります。危険な物質が抗がん剤候補になり得るのも面白いところです。

くすぐったいと思ったら、腕をアリのようでアリではない小さな虫が這っています。何の気なしに払いのけると、

「ぎゃあ！あっちっちっち！」

ヤケドにそっくりの激痛が走ります。この昆虫こそ、極小の甲虫・アオバアリガタハネカクシです。アオバアリガタハネカクシは体内に毒（毒性アミドのペデリン）をもち、潰したりするとこの毒が皮膚についてヤケドのようになります。このため「ヤケド虫」などとも呼ばれています。

このペデリンですが、面白いことに抗がん剤の候補となり得ることも示唆されています。今後の研究が待たれます。

一度この虫に酷い目に遭わされたものは、二度とこの虫に手を出さなくなります。潰された個体は死んでしまいますが、自らを犠牲にして同種を守るというサバイバル術を身につけたのです。

アオバアリガタハネカクシの他に、アリガタハネカクシ、ツマグロ
カミキリモドキ、アオカミキリモドキでも同じような症状に見舞われ
ます。

では冒頭のように、もしこの虫がからだについたらどうすればよい
のでしょうか。潰したりして体液が出るとアウトなのですから、ふう
っと息で吹き飛ばすのがよいでしょう。幸い小さく軽い昆虫なので、
息で簡単に吹き飛ばせます。

アオバアリガタハネカクシの後ろ翅は、小さく4分の1くらいに畳
まれています。他の多くの昆虫では2分の1くらいです。

09 蟷螂之斧

猫も杓子も保身、保身、保身の悲しい世の中。それでもカマキリは、そんな世の中に決して染まりません。蛮勇を貫き、近づいてくるトラックを威嚇してひかれてしまうこともしばしば。ひかれてしまったカマキリのお尻からは……。

　哲学者アリストテレスは、蛮勇でもいけない、臆病でもいけない、その中間の状態（中庸）こそが「勇気がある」といえるのだと説きました。

　しかし現代、世の中を見回すと、猫も杓子も保身、保身、保身で悲しくなります。そんな世の中でもカマキリだけは別。決して保身には走りません。

　「蟷螂之斧」という言葉があります。蟷螂（とうろう）とはカマキリのこと。カマキリが自慢の鎌（前脚）を振りかざして大きな敵に立ち向かっていくように、勝ち目のない相手に無策で挑む様をいいます。蛮勇に近い意味です。道端で、近づいてくるトラックを威嚇しているカマキリを見かけることがありますが、とても清々しい気持ちにさせられます。

　こんな習性のためか、郊外の路上ではカマキリのロードキル（交通事故死）をよく見かけます。よく観察すると、お尻から長い針金のよ

うな物体を出しているものがいることにお気づきでしょうか。

　これはカマキリに寄生していたハリガネムシ（類線形動物門。ムシとつきますが昆虫ではありません）です。このハリガネムシは恐ろしいことにカマキリの脳を乗っ取り、カマキリを入水させるのです。カマキリが入水するとハリガネムシはカマキリの腹から這い出し、水中生活をしてパートナーを見つけます。

　もしカマキリのお腹が妙に膨らんでいると感じたら、カマキリのお尻を水につけてみましょう。ハリガネムシが出てくるかもしれません。ハリガネムシは大きなものでは体長1000mmに達します。

10 百虫の王カマキリ、キクイタダキを捕食も

百獣の王ならぬ、百虫の王カマキリ！　大型のオオカマキリでは、スズメバチやトカゲ、カエルにも飛び掛かり、キクイタダキなどの小型鳥類を捕食した例もあります。

　蟷螂之斧で述べたように大変勇ましいカマキリですが、見せかけだけではありません。実際にとても強い昆虫です。

　カマキリは肉食性で、主に他の昆虫を捕らえて食べています。生まれたばかりの頃は、アブラムシやショウジョウバエなど、少し大きくなるとバッタやチョウ、成虫になったオオカマキリでは、セミやカエル、トカゲなどにも飛び掛かります。

　まさに百獣の王ならぬ、百虫の王ですね。

　オオスズメバチにも飛び掛かることがありますが、勝負は五分五分といったところでしょうか。カマキリが先に気づいて飛び掛かり急所に噛みつけばカマキリが勝ちますし、スズメバチが毒針を刺すことに成功すればスズメバチの勝ちとなります。スペースが広いか狭いかなど、場所によるコンディションも勝敗に影響します。YouTube などの動画を見ると、人工的な狭い飼育器の中ではスズメバチが有利なようです。

　カマキリは動くものはなんでも食べようとするので、共喰いも頻発します。飼育するときには、交尾させるシーンを除き、一頭ずつ分けて飼うようにしましょう。

　キクイタダキという 100mm ほどの小鳥がいますが、キクイタダキがカマキリに捕食されているところも観察されています。

　カマキリは自然界では生きているものしか食べませんが、口にもっていってやると、卵の黄身、刺身などでも食べることがあります。筆者もランチ中に寄ってきたカマキリに、エビドリアのエビを差し出したところ、喜んで食べてくれた経験があります。

11 交尾前のカマキリ、オスは●●メスは●●の塊

> カマキリは成虫になりからだが成熟すると、オスは性欲の塊、メスは食欲の塊になります。成虫は子孫を残すことに全力投球するのです。

これまで書いてきたように、カマキリは動くものにはなんでも飛び掛かって食べようとするので、交尾も命がけです。昆虫ではメスのほうが大型なので、オスがメスに捕食されるリスクが大きくなります。オスは、メスに気づかれないよう忍び足で近づき、交尾を行わなければなりません。

昆虫は、幼虫時と成虫時の役割がはっきりと分かれています。幼虫時はとにかく成長すること、成虫時はとにかく子孫を残すことです。

地球上のほとんどの動物は、オスとメスの2つの性別が存在します。オスは小型で運動能力をもつ精子という生殖細胞、メスは大型で運動能力のない卵という生殖細胞を作り、これらを合体させて受精卵を作ります。主として、精子は小型で大量に作られるので「とにかくバラ撒け」という方針です。卵は数に限りがあるので「一つずつを大事に大事に育てる」という方針です。

ヒトで考えてみると、男性にとって同世代の女性はほぼ「ストライクゾーン」であるのに対して、女性は相手を慎重に選ぶ傾向があるの

もこうした背景が原因でしょう。

　成虫になったカマキリのオスは、成虫として子孫を残すミッション、加えてなるべく多く精子をバラ撒きたいという性質が相俟って「性欲の塊」「性欲の鬼」になります。このために命がけでメスに近づくのです。

　しかし最近の研究だと、オスがメスに捕食されることにも大きなメリットがあるようです。オオカマキリのメスは、交尾相手のオスを食べる際に重要なアミノ酸を摂取しており、オスを食べたメスは通常の2倍の数の卵を産むということです。

　一方でオスは複数回の交尾が可能なので、メスから逃げて再度交尾を繰り返したほうがより多くの子孫を残せます。どちらの利点を取るか、は種によって異なるようです。

　成虫になったカマキリのメスは、産卵に備えて栄養を蓄えなければならないので、「食欲の塊」「食欲の鬼」になります。

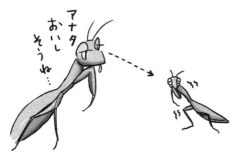

　オスのカマキリとメスのカマキリ。このようなシナリオをすべて承知したうえで、行動しているのかもしれないと考えると決して虫けらと侮ることはできませんね。

12 ハナカマキリは匂いまで出す

カマキリは日本に 10 種類で、昆虫としては少なめですが実に個性に富んだ顔ぶれです。ぽっちゃりめのハラビロカマキリ、褐色で小さなコカマキリ、レアなウスバカマキリ、ヒナカマキリ、ヒメカマキリなどがいます。

　カマキリは日本で約 10 種、世界で約 2000 種見つかっています。オオカマキリやハラビロカマキリは都市部でもよく見られ、研究も進んでいます。緑色型と褐色型がいますが、ハラビロカマキリの褐色型はレアです。大型で迫力があり、子どもたちにも大人気です。

　反対にコカマキリはほとんどが褐色型ですが、ごく稀に緑色型も生息しているようで、特にモリカマキリと呼び分ける人もいます。レアなモリカマキリを見つけたら、さぞかしテンションが上がることでしょう。

　さらにレアなのがウスバカマキリ。絶滅危惧種としてレッドデータブックに記載されている都道府県もあります。見たことがない子どもたちも多いと思われるので、見つけたらテンションダダ上がり間違いありません。

　レアでも地味なのがヒナカマキリ、ヒメカマキリです。いずれも褐色〜黒色をしています。

　ヒナカマキリという日本最小のカマキリは、成虫でも翅がなく 10 〜 20mm と大変小型です。アリやショウジョウバエのような小昆虫を食べています。ヒナカマキリと似たヒメカマキリというカマキリも小型で、成虫で 30mm くらいです。

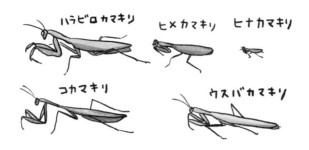

　褐色もしくは緑色の日本産カマキリは、草原や枯れ葉の上にいると目立ちにくく、主に気づかずに近づいてきた獲物を捕らえて食べます。

　また花に擬態して近づく虫を捕らえる、南国のハナカマキリの映像を見たことがある方も多いでしょう。日本産のヒメカマキリ、実はハナカマキリの仲間だったりします。

　南国のハナカマキリは、姿形を花に似せているだけでなく、なんと匂いまで発します。それも花の匂いではなく、ミツバチのフェロモン（仲間同士でコミュニケーションを取るための化学物質、p.162 参照）を使うのです。

　これで騙されるなというのは酷でしょう。

13 トノサマバッタの緑色と茶色

> トノサマバッタは褐色になるとなんでも食べるようになり、気性も激しくなり、巨大な集団となって大移動を始めます。

トノサマバッタを一目見れば、なぜ殿様と名づけられたのか納得がいく気がします。美しく巨大で立派な風格。ショウリョウバッタには及ばないものの、メスの大きなものでは65mmに達し、かなり大きなバッタといえます。

トノサマバッタは主としてイネ科植物の葉を食べますが、昆虫の遺骸などを食べることもあり、草食性の強い雑食性ということができましょう。

トノサマバッタにも緑色型と褐色型がいますが、環境によって変化することがわかっています。緑色のタイプを孤独相、褐色のタイプを群生相と呼んでいます。ネーミングの通り、個体群密度※が低いと緑色になり、群密度が高いと褐色になるのです。

※個体群密度：単位生活空間あたりの個体数。一般には個体群密度が高くなると、資源をめぐる種内競争が激しくなったり、出生率が低下したり、死亡率が増加したりする。

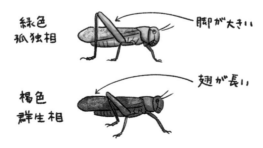

　個体群密度が高くなると翅が長くなり、飛翔能力がアップします。新たなエサを求めて集団で大移動をするようになるのです。また雑食性が強くなり、なんでも食べるようになります。さらに気性が荒くもなり、群れで過ごすのを好むようにもなります。

　大きな群れとなった群生相は「トビバッタ」となって幅数キロの帯となり、飛んでくると辺りは真っ暗になり、去った後には緑のものがなくなるといいます。

　アフリカなどでは現在もトビバッタの大群が発生し、農作物に大打撃を与えています。2020 年には、東京都がすっぽり入るくらいの大きさのバッタの集団が東アフリカで発生し、コロナと並ぶ脅威として恐れられました。日本でも江戸時代や明治の頃に東北地方や北海道地方でトビバッタの大群の発生記録があります。

14 オンブバッタは親子でも兄弟でもない

> 背負っているのは子どもでも弟・妹でもありません。メスがオスを背負って
> いるのです。昆虫の多くはメスのほうが大型になります。

　最も身近なバッタといえば、庭先などで見られる頭が尖ったバッタ
ではないでしょうか。ショウリョウバッタよりだいぶ小さく、比較的
大きなバッタの上に小さなバッタが乗っているシーンがよく見られる
ためにオンブバッタと名づけられました。

　背負っているのは子バッタでも弟・妹バッタでもありません。実は
この2頭はカップルなのです。昆虫の多くはメスのほうが大型なので、
メスがオスをおんぶしているということです。

　バッタの多くはイネ科植物の葉を食べますが、オンブバッタは多食性でいろいろな種類の葉を食べます。筆者はキャベツを与えて※飼育したこともありますが、キャベツもよく食べていました。

※キャベツを与えたら死んでしまったという例もインターネット上の声で見かけました。農薬などが原因の可能性があります。キャベツを与えるときは、念のため様子を見ながらが無難だと思います。

　この多食性であるということが生息域を広げ、庭先などでも見られるほど身近になったのでしょう。

　「おんぶ」している状態は交尾中と思われがちですが、オンブバッタは交尾をするとき以外にもおんぶを続ける習性があるために、おんぶシーンがよく見られるのです。

　オスはなぜずっとおんぶされているのでしょうか。メスをタクシー代わりに使おうとしていると思われるかもしれませんが、どうやらもっと深刻な理由があるようです。

　昆虫の成虫は自分の子孫を残すことに命をかけます。

　ずっとおんぶされていることで、他のオスと交尾するのを防いでいると考えられています。

15 一番「うるさい」虫は？

> うるさい昆虫といえばどんなものが思い浮かびますか。セミでしょうか、キリギリスでしょうか。あるいはクツワムシでしょうか。うるさくても虫の声なら許せてしまうのも日本人ならでは？

　現代語で「うるさい」とは、主に大きな音がして耳障りな様子を表します。音の大きさはdB（デシベル）という単位で定量的に表すことができます。ただ音には大きさ以外に「高さ」「音色」という因子もあり、単に「音が大きいほどうるさい」とはいえないところが深いですね。発泡スチロールを擦る音などは、音量が大したことがなくてもかなり耳障りです。

　ところで

　　閑かさや、岩にしみ入る　蝉の声

という松尾芭蕉の俳句を見るとどうでしょうか。

　現代人は「蝉しぐれで静か」という表現に違和感を覚えるかもしれません。しかし古人は「一つの音で占められ、不純物がない状態」も静かと感じたようです。芭蕉の句で描かれているセミとはニイニイゼ

ミといわれていますが、多数のニイニイゼミが鳴く空間に放り出されると、他の音が一切聞こえず、本当に「静か」に感じるから不思議です。

　セミの音量はどれくらいでしょうか。アブラゼミやミンミンゼミで70 ～ 80 dB くらい、クマゼミで 90 dB くらいですが、これは電車内～パチンコ店内に匹敵するので「なかなか」といえます。

　しかしセミの声が社会問題になることはほとんどありませんし、うるさくてメンタルを病んだという話も聞きません。日本人は古来、虫の鳴き声を風流なものとして考えてきた歴史があるからでしょう。

　他に鳴く昆虫といえば、コオロギやキリギリスの仲間があります。キリギリスの仲間にクツワムシがいます。からだのサイズが大きいためか、「ガチャガチャ……」と耳障りな大きな音で夜に鳴くため、やかましい虫として有名です。からだが最大サイズのカヤキリも、鳴き声が大きく強いことで知られます。

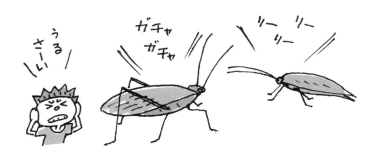

　コオロギの仲間では、外来種のアオマツムシがなかなかです。「リーリーリー」と高い大きな声で夜に鳴くため、住宅街で迂闊に複数を飼育しようものならクレームも覚悟しなければならないでしょう。

　とはいえ、クツワムシやアオマツムシの鳴き声でも、人工的なモーターやエンジンが出す爆音に比べるとずっとマシではないでしょうか。

16 東京で見られるセミは6種、日本全国では？

東京都心付近では6種類のセミを覚えるだけでほぼOKです。これ以外のセミがいたら、ニュースになるくらい激レアです。しかし南西諸島など暖かい地域を入れると種類は激増します。

東京都心付近で見られるセミは何種類くらいでしょうか。夏の散歩では、ぜひイヤホンを外して耳をすませてみましょう。

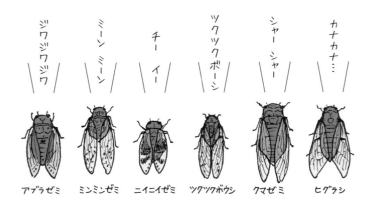

ジワジワジワ　アブラゼミ
ミーンミーン　ミンミンゼミ
チーイー　ニイニイゼミ
ツクツクボーシ　ツクツクボウシ
シャーシャー　クマゼミ
カナカナ…　ヒグラシ

以上6種類が都心周辺で見られるセミです。ヒグラシは鬱蒼とした森を好むので23区東部にはほぼいませんが（23区西部には代々木公園や善福寺公園など、鬱蒼とした緑地が比較的多い）、悲しげで美しい鳴き声は大変人気があります。

翅が茶色で、最も見慣れたセミがアブラゼミです。鳴き声が油を炒めているように聞こえることからこのような和名がつきました。

東京でも高尾山などに行くと、エゾゼミの「ギー」という鳴き声が

聞けます。さらに西の奥多摩まで行くとコエゾゼミやエゾハルゼミ、ハルゼミなどよりレアなセミも見られます。奥多摩には2時間車で走ってもほぼ他の車とすれ違わないようなびっくりするほどの秘境も広がっているので、訪れてみると面白い生き物なども見つかるかもしれません。

　では日本全国に目を向けるとどうでしょうか。南西諸島のみに生息するセミが多いので、種類はぐんと膨らんで36種に達します。サトウキビ畑に生息する日本最小のイワサキクサゼミ、鐘の音のように「カン、カン、カン」と鳴くオオシマゼミ、さらに1913年に新種として発表されたものの、その後しばらく発見されず「幻のセミ」とされてきたクロイワゼミなどがいます。

　クロイワゼミは鮮やかな黄緑色をしていて、19時すぎの30分ほどだけ「チュチュチュ……」と、可愛らしい鳴き声で鳴きます。浅黄斑さんの『骸蝉』というミステリー小説では、クロイワゼミがわずか30分間しか鳴かないことが扱われています。

17　セミに寄生する不思議なが

> セミヤドリガはセミに寄生することで有名ですが、実は何をしているのかよくわかっていません。謎に満ちたガです。

　セミ（特にヒグラシに多いが）を捕まえてみると、腹に大福のような白い物体がついていることがあります。これ、実はセミヤドリガというガの幼虫です。セミヤドリガ科に属するガは他にハゴロモヤドリガのみで、極めて特異なグループといえます。

　一般に「セミに寄生している」とされますが、イモムシの口を見ると噛み砕く構造になっていて、体液を吸うストロー状にはなっていません。またセミを拡大しても傷口のようなものは見当たりません。つまり「何をしているのかよくわかっていない」ということです。

　しかし10日ほどヒグラシと共に過ごしたセミヤドリガの幼虫は急激に成長し、自ら地面に落下して繭を作り、やがて20mmくらいの小さなガになります。

　セミヤドリガによってセミがどんなダメージを受けるのかもよくわかっていません。せいぜい「少し重いな」と感じることくらいでしょ

うか。あるいはアクセサリーとして楽しんでいるのでしょうか。

　寄主を殺してしまう「捕食寄生」とは異なり、寄主と折り合いをつけて共存するという、昆虫界では珍しい関係です。

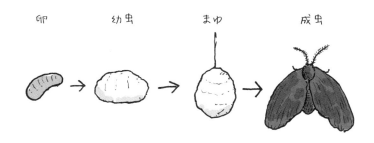

18 アワフキムシ、唾じゃないよ

初夏の頃、植物に泡が吹きかけられているのをよく見かけます。アワフキムシの仲間の仕業です。こんな泡風呂を満喫しているのはアワフキムシの幼虫です。

主として春〜初夏の頃、草木に泡がついているのを見かけることがあります。少し汚い表現ですがまるで唾を吐きかけたようで、「うちで大事に育てている植物に唾を吐くなんて。酔っ払いかしら」とプンプンした経験のある方もいらっしゃるのではないでしょうか。

実はこれ、ヒトの仕業ではなく昆虫の仕業です。その名もアワフキムシ。アワフキムシ上科に属するカメムシの仲間です。カメムシの幼虫が自らの排泄物を泡立てて巣のようにし、その中で暮らしているのです。

ゴキブリに洗剤をかけると、気門から呼吸をすることができなくなり窒息死することが知られています。同じように、石鹸と同じ成分のアワフキムシの泡の中ではアリやクモなどは息をすることができず、泡の中へは侵入できないのです。しかしアワフキムシ自身は呼吸がで

きる仕組みをもっています。

　天敵から完全に身を守る、優れたバリアーです。さらに泡は断熱材の役割もし、泡の中では寒暖差も少ないのです。

　泡が割れるときには超音波が出て、自然の洗浄力が生まれます。ここから着想を得た企業が泡風呂を開発する研究も行っています。

　泡は植物の汁です。素手で触っても大丈夫ですが、手はよく洗ったほうがよいです。

　アワフキムシは排出物を泡立てて巣を作りますが、同じように排出物を利用する昆虫がいます。

　ムシクソハムシの幼虫は、自分のフンで作ったケースを背負い、蛹化もケースの中で行います。

　「フンを背負う虫」は他にも、イチモンジカメノコハムシ、イネクビボソハムシの幼虫などが知られています。

19 水中のギャング・タガメ、マムシすら捕食する？

陸上ではカマキリが百虫の王といえますが、水中ではタガメがこのポジションといえるでしょう。東京では絶滅してしまいましたが、自然の豊かな田んぼなどで出会えるかもしれません。

タガメは水中に生息するカメムシで、体長 45 〜 68 mm と日本最大の水生昆虫です。肉食性が強く、自分より大きな魚類やカエルなども捕らえて体液を吸います。このため、魚やカエルが大量に生息する豊かな環境が必要になるので、東京では絶滅したとされています。

成虫は初夏に交尾を行い、卵は水面上のイネ科植物や杭などに産みつけられ、孵化するまでオスが卵を守ります。

しかしそんなオスの邪魔をするものがいます。なんとタガメのメスです。タガメのメスは、オスが守っている卵を食べてしまうのです。昆虫ではメスのほうが大型なので、オスは為すすべもなくメスに卵を食べられてしまいます。

オスが守っていた卵を潰したうえで、メスはオスと交尾をし卵を産んで、自らの卵をオスに守らせるという恐ろしい性質があるのです。

百獣の王ライオンの「子殺し」※が有名ですが、水中のギャングであるタガメも子殺しをする、おそらく唯一の昆虫なのです。

※ライオンの子殺し：新しく群れに加入したオスライオンが、すでに群れにいる子ライオンを殺すこと。自分と血のつながりがある子ライオンを優先させるため。

そんな怖い習性をもつタガメですが、性質も大変獰猛です。自らより大きな生物も捕食することは知られていましたが、最近、マムシやヒバカリなどの比較的小さめのヘビも捕食していることがわかりました。

NHKの「ダーウィンが来た！」でその決定的瞬間が報道されていました。タガメに捕まったマムシはもちろん大暴れして逃げようとします。しかし最終的にマムシを押さえ込んでしまっていました。

陸上でのカマキリの勇敢さを紹介しましたが、水中でのタガメはカマキリに勝るとも劣らない蛮勇を発揮しているのです。

20 アブラムシの脅威の繁殖力、卵生胎生、有性無性生殖なんでもあり

> からだが柔らかく動きも遅く、武器らしい武器ももたないひ弱なアブラムシたち。彼らは驚異的な繁殖力で生存競争を勝ち抜いてきました。

　アブラムシは小さいながらセミに近い仲間です。セミは多食性でいろいろな樹木から樹液を吸いますが、アブラムシは食草がおおよそ決まっています。日本だけでも約700種類もいますが、食草がわかることで、セイタカアワダチソウにいるからセイタカアワダチソウヒゲナガアブラムシだな、などと同定※の助けになります。

※同定：分類を見極めること

　このアブラムシ、見るからにひ弱です。ダメージを与えないようにつかむことすら極めて困難ですし、からだが柔らかく動きも遅く、武器らしい武器ももっていません。そこでアブラムシは驚異の生き残り戦術を身につけたのです。それが並外れた繁殖力です。
　動物の誕生には、子を出産する胎生（主に哺乳類）と卵を産む卵生があります。アブラムシはなんと、両方とも可能なのです。夏など気候や食べ物に恵まれているときには、子アブラムシをボンボン出産し

ます。冬の前などシビアな状況が予想されるときには、休眠に適した卵という形態で誕生させるのです。

　それだけではありません。生物の生殖には、オスとメスが交尾をする有性生殖と交尾をせずに子孫を残す無性生殖があります。有性生殖では父親とも母親とも異なった新たな個性をもった子が生まれ、多様性に富んだ子孫が残せます。

　無性生殖は、交尾の必要がないので手軽ですが、生まれてくるのはあくまで親のクローンです。クローンは同じ遺伝子をもつため「弱点」も同じで、環境の変化（寒暖、病気など）で一気に全滅してしまう可能性を秘めています。

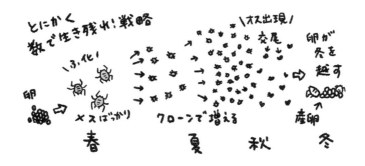

　春を迎えると、卵からメスのアブラムシが一斉に孵化します。このメスたちが無性生殖でどんどんメスアブラムシを出産します。やがてある程度個体数が増えると交尾をして、多様性をもった子を残すようになるのです。

　アブラムシを観察していると、翅のついたものも見られます。個体密度が高くなると翅をもつ個体が産まれて遠くへ飛んでいくのです。

　攻撃力も守備力もゼロに近いアブラムシですが、生殖に関しては地球上で最も進化した生物と言ってよいでしょう。

21 オニヤンマは昆虫最強か？

> 強力な大顎をもち、高速道路を走る自動車並みの速度で飛び回る日本最大の
> トンボ・オニヤンマ。オニヤンマに天敵はいないと思われがちですが、いく
> つか苦手な昆虫が存在します。

　トンボは日本でも人気のある昆虫です。日本に約200種が生息し、爽やかで美しいというプラスのイメージをもつ方が多いと思います。

　トンボは英語でdragonflyと呼ばれます。拡大して観察すると大きく鋭い顎をもっていることがわかり、この顎で噛まれるとなかなか痛いです。ヤンマ科やオニヤンマ科など大型種だと流血沙汰も覚悟しなければなりません。そう、トンボは肉食昆虫です。

　カヤハエを好んで食べるので益虫とされることもあります。ヤンマ類だとチョウやセミなども捕らえて食べます。トンボは飛びながら獲物を捕らえるので、これが飼育を極めて困難にしている一因です。

　筆者は小学生の頃、ナミアゲハとギンヤンマを比較的大きな水槽で同居させていたことがあります。しかしある日、忽然とナミアゲハが消えました。まさかと思いますが、考えられる可能性は一つです。ギンヤンマがナミアゲハを食べてしまった……ギンヤンマが肉食であることは知っていたものの、まさかナミアゲハサイズの昆虫が食べられてしまうとは思わなかったので衝撃的でした。

　さらに日本最大のトンボ、オニヤンマともなれば猛々しさも最大です。大空を悠々と飛び、ホバリング（空中停止）も可能、最高速度は時速80kmと高速道路で走る自動車並みです。この運動能力と強力な大顎で、スズメバチを捕食することもあります。こういった特徴からオニヤンマを最強の昆虫と考えることがあります。

時速80km!!

　では前出のオオカマキリと出会ったらどうなるでしょうか。カマキリの大きさによりますが、オニヤンマが食べられてしまうケースが多いようです。オニヤンマは飛びながら獲物を捕るので、逆にオニヤンマがカマキリを捕食するシーンは見かけません。

　もう一つ、手ごわい昆虫がいます。その昆虫は背後からそっと近づいて襲い掛かることを得意とするシオヤアブです。シオヤアブにブスッと口吻（前方に突き出した口）を刺されたら、さすがのオニヤンマもたまりません。しかしオニヤンマが先にシオヤアブの存在に気がつけば、シオヤアブを捕食することもあります。

　なおオニヤンマは、幼虫（ヤゴ）として3～5年間水中で暮らします。ヤゴも肉食性で大きく獰猛ですが、残念ながらタガメと出会ったら勝ち目がありません。

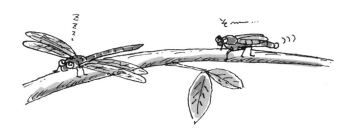

22 トンボは意外にえぐい

爽やかでよいイメージをもたれることが多いトンボ。しかし、トンボのオスは意外にも嫉妬深い性格なのでした。

　昆虫にも性格があるようだと書きましたが、トンボはどんな性格でしょうか。ある一面を見ると「意外に嫉妬深い？」と思わせられます。

　トンボのオスはメスを見つけて交尾をします。その際メスがすでに交尾済みだったらどうなるでしょう。

　メスが交尾済みであることに気づいた多くの種のオスは、メスの生殖器から他のオスの精子を掻き出します。そして空っぽにしたうえで交尾を行うという周到さ。爽やかなトンボのイメージらしからぬ執念深さには舌を巻いてしまいますね。

　なお交尾にかける時間は、種によってさまざまです。ハラビロトンボでは３秒くらいで終えてしまいます。他の種だと数分だったり、１時間を超えたりするものもいます。

　種によってはカップルのまま産卵場所を訪れるものもいて、「おつながり」と呼ばれます。ギンヤンマやアキアカネなどが代表的ですが、おつながりのトンボを捕まえてメスの腹の先を水につけると、パラパラと産卵してくれます。

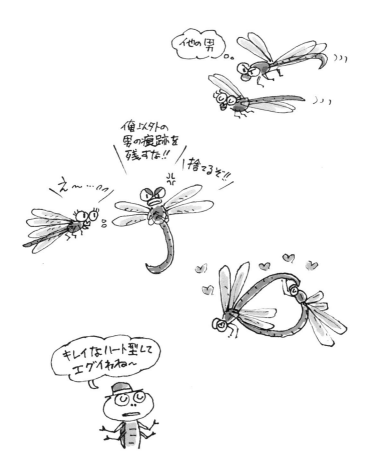

23 トンボ（幼虫）の棲み分け

> トンボの幼虫・ヤゴは、細かな棲み分けをしています。明るい水面、暗い水面、草ボーボーの沼地、流れる小川、流れのない止水、冬のプールのような水たまり、さまざまな環境を用意することで生物多様性が守られます。

　トンボの幼虫・ヤゴは水中で生活します。大きさは種によってまちまちで、イトトンボのヤゴは 20mm 程度、大型のギンヤンマのヤゴでは 50mm を超えます。小さなヤゴはミジンコやボウフラなど、大型のヤゴは小魚やオタマジャクシを捕食します。大型のヤゴから見れば小さなヤゴはエサの一つに見えてしまいます。他の肉食昆虫と同様、共喰いを防ぐためなるべく少数に分けて飼育するとよいでしょう。

　ヤゴの種類によって環境の好みも大きく違います。冷たくきれいな清水の中でしか育たないもの、水中の泥の中でも育つもの、流れのある水草の上につかまっているもの、かなり汚れて半ば腐敗した水で育つものなどまちまちです。

　今や世界の流行語ともいえる「多様性」。環境保全の考え方としても「多様性」がキーワードになるのはこのためです。迂闊に湿地の草を刈ったり、川の流れを変えたりすると生息するトンボの種類が変化し、全滅してしまう種も出てきます。

　多くの種類のトンボの生息地を守るために、明るい水面、暗い水面、草ボーボーの沼地、流れる小川、流れのない止水、冬のプールのような水たまり……多様な環境を用意してやることが大切なのです。

イトトンボ

ミジンコや
ボウフラを
食べるよ

小魚や
オタマジャクシを
食べるよ

ギンヤンマ

24 アカトンボ、最も赤いトンボはアカトンボではない?

> アカトンボとは、トンボ科アカネ属に属するトンボの総称です。日本では21種類記録されていますが、日本で最も赤いトンボはなんとアカトンボではないのです。

アカトンボは童謡でも歌われる通り、都市部でも身近なトンボです。トンボ科アカネ属に属するトンボの総称で、日本では21種類記録されています。名前通り赤っぽいトンボが多いですが、ナニワトンボのように青白いもの、ノシメトンボのオスのように黒っぽくなるものなどもいます。

最も身近なアカトンボはアキアカネでしょう。初夏、平地で羽化したばかりの頃には薄いオレンジ色であまり赤くはありません。夏に山岳地へと大移動し、秋になって再び平地に降りてくる頃になると、すっかりからだが成熟して赤くなるのです。

アカトンボの体内にはキサントマチンという物質があり、紫外線により酸化型から還元型になることでからだが赤くなるのです。なわばりを守るオスのほうが紫外線ストレスを受けることが多く、オスのほうが赤くなります。アカトンボのオスの赤色は、メスや他のオスへの

アピールになると考えられます。

　ちなみにシオカラトンボのオスが成熟して青くなるのも、体内の油脂成分が紫外線の影響で化学変化するためです。

　アキアカネに近い種としてナツアカネがいます。ナツアカネはずっと平地で過ごしますが、成熟したオスはアキアカネよりさらに赤みが強いことと、胸部の模様の違いで区別できます。

　では日本に生息するトンボの中で最も赤いトンボはどれでしょうか？　成熟したオスでは、翅以外ほぼ全身が真っ赤っかになるトンボがいます。それがショウジョウトンボ（参照　巻頭カラー口絵）です。

　アキアカネやナツアカネより大型なこともあって大変目を引く存在です。しかしショウジョウトンボはアカネ属ではなくショウジョウトンボ属なので、アカトンボではないのです。

　日本で最も赤いトンボはアカトンボではなかった……なんとも皮肉です。

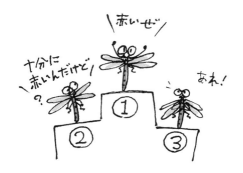

25 チョウとガの違い

日本語や英語圏では、チョウとガを明確に区別するので別の生物のように感じてしまいますが、実はチョウとガに生物学的な違いはないのです。

チョウとガの違いは何でしょうか。

$$\left\{\begin{array}{l}\text{チョウは派手でガは地味}\\\text{チョウは昼行性でガは夜行性}\\\text{チョウは翅を閉じてとまりガは開いてとまる}\\\text{チョウは無毒でガは有毒}\\\text{チョウの幼虫はイモムシでガの幼虫は毛虫}\end{array}\right.$$

以上のいずれかの回答を思い浮かべた方が多いことでしょう。

しかしどの基準を採用しても、例外だらけになってしまうのが現実です。ニシキオオツバメガやベニスズメのように原色で美しいガもいれば、ヒカゲチョウやジャノメチョウの仲間のように地味なチョウもいます。

オオスカシバやイカリモンガなどは日中に行動します。とまり方に関しては、同じ種でも開いてとまったり閉じてとまったり半開きにしたりで、明確な分類が困難です。

そしてチャドクガやドクガのインパクトが大きすぎて、ガ＝有毒というイメージが一人歩きしてしまったきらいがありますが、ガの99％は無毒です。日本には触れるだけで危険なチョウはいませんが、ジャコウアゲハ（アリストロキア酸）やカバマダラなど体内に毒をもつことで捕食を逃れているチョウはいます。

　さらにギフチョウの幼虫は立派な毛虫ですし、スズメガの幼虫はれっきとしたイモムシです。

　ではどんな基準で区別するのが正解なのでしょうか。実は「チョウとガに生物学的な違いはない」というのが解答になります。あくまで人間が主観的に分けたにすぎないのです。特に日本語や英語圏では、チョウ（butterfly）とガ（moth）を明確に区別するので別の生物のように感じてしまいますが、他の言語、たとえばフランス語ではチョウもガも同じpapillonです。

　日本ではチョウは約240種生息しますが、ガは約6000種にも達します。しかもガに関しては研究が進んでおらず、「ほとんど何もわかっていない」というのが本当のところなのです。美しいチョウに魅了されて虫好きになった人の多くは、こうしたガの魅力にも触れることになり、「蛾マニア」になっていきます。チョウは運がよければ数年で国内すべての種に出会うことが可能ですが、ガは一生かけても到底無理です。

26 日本一きれいなチョウはどれだ？

> 約240種生息する日本のチョウ。その中で最も美しいチョウはどれでしょうか。ミヤマカラスアゲハでしょうか、オオムラサキでしょうか、オオミドリシジミでしょうか。

　日本に約240種生息するチョウ。チョウには、派手で美しい原色の翅をもつものが多く見られます。昆虫としては視覚を活用するほうで、ライバルや交尾相手を模様で識別することもあります。

　そんなチョウの中で最も美しいチョウは何でしょうか？これはとても難しい質問です。「美しい」というのは主観的な尺度で、ゴッホの絵とピカソの絵ではどちらが美しいか、というのと同等だからです。こういった面も考慮したうえで、多くの人がきれいだ、美しいと感じるチョウを挙げてみましょう。

美しいチョウ BEST5!

1. ミヤマカラスアゲハ
2. オオミドリシジミ
3. オオムラサキ
4. コムラサキ
5. ベニシジミ

　その中でもミヤマカラスアゲハはダントツではないでしょうか。黒を基調としていながらも、色とりどりのカラーホイルをちりばめたような翅は、見る者の心を狂わすほどです。p.3（カラー口絵）をご覧ください。

　筆者が初めて見たのは長野県軽井沢町でしたが、花に飛んできたミヤマカラスアゲハが目に入ったときには、「ここは極楽か？　私は死んでしまったのかな」という錯覚に陥ったほどです。

　ミヤマカラスアゲハは、吸水をするために水辺で集団を作ることがあります。カラスアゲハとの混群になっていることもしばしばです。吸水とはいっても本当の目的は、塩分の摂取といわれています。ですから塩分やミネラルが多く含まれた水のほうが、よりチョウを集める効果があります。

　このため、尿をバラ撒いてミヤマカラスアゲハを待つという方法を取る人もいます。ある研究室の学生が、野外調査中に我慢できずこっそり「自然のトイレ」を使用したところ、チョウがたくさん集まってきてバレてしまったという笑い話もあります。

　続いてオオミドリシジミのオスの翅の表側は、金緑色に輝きます。「ゼフィルス」と呼ばれるミドリシジミの仲間の多くは同様の特徴をもちますが、より大きく輝きが強いオオミドリシジミを代表として選びました。

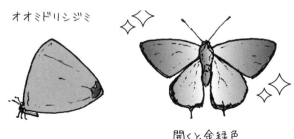

オオミドリシジミ

開くと金緑色

さらにオオムラサキ、コムラサキ。共に褐色を基調としながらも強い紫色がアクセントとなっている翅をもちます。オオムラサキに至っては日本の国蝶に選ばれています。オオムラサキのオスは大変勇敢な性格で、なわばりに入ってきたスズメやカラスも追い払おうとします。

　オオムラサキの主食は樹液ですが、樹液には甲虫やスズメバチなどライバルがたくさんいます。そんなスズメバチに向かって、「おらおら～どけどけ！」といわんばかりに翅を荒々しくバタつかせながら突っ込んでいくのがオオムラサキのオス。

　スズメバチは、アゲハチョウ科のような大型蝶を捕食することもある恐ろしい相手です。そんな相手を蹴散らしてしまうのですから「世の中、気合とハッタリだけでもなんとかなる」ことを示す好例といえるでしょう。

　そんなオオムラサキの美しいところは、ひ弱な他のチョウは攻撃せず、樹液を分かち合うことを容認することが多い点です。

　なおコムラサキはオオムラサキより小型ですが、紫色の輝きがより美しいので捨てがたいということで一緒に取り上げました。

オオムラサキ

コムラサキ

　最後にベニシジミにも言及します。ベニシジミは普通種で都市部でも見られます。赤、橙、グレー、黒を基調とした美しいシジミチョウですが、注目したいのは「顔」です。顔つきがとても可愛い、美人ならぬ美蝶だと思うのは筆者だけでしょうか。

ベニシジミ

　ちなみに海外のチョウも入れると、モルフォチョウの仲間、ゴクラクトリバネアゲハ、ミイロタテハの仲間などが重要候補として挙がるのではないでしょうか。

あなたの推しは どのチョウ？

27 派手な模様を見せるガ

> ガの多くは地味な褐色をしていて樹皮や落ち葉の保護色となっていますが、カトカラと呼ばれる仲間は、見つかると翅を開き、赤やピンク、橙色、黄色、青色など派手な後ろ翅を見せます。

　ガの多くは褐色をしていますが、これは樹皮や落ち葉の上にいると保護色となって目立たないというメリットがあります。チョウに比べて活動性が低く、じっとしている種類が多いのは、チョウは視覚を使うことが多いのに対して、ガは視覚よりも嗅覚、聴覚など他の感覚が発達していることも関係が深いと考えられます。

　ヤガ科は1000種を超えるガを含む大きなグループですが、その中のカトカラと呼ばれる小グループは、不思議な特性をもっています。前翅は地味な褐色〜黒灰色なのですが、後ろ翅が赤やピンク、橙色、黄色、青色、紫色など派手な原色をしているのです。

とまると
褐色〜黒灰色

翅を広げると
ド派手な色

　とまるときには翅を三角形に畳むので、前翅の色しか見えません。自然の中にいるとやはりなかなか見つけることができません。それでも虫好きの人の目や勘がいい鳥類などが見つけてしまうことがあります。するとどうでしょうか。

　パッと翅を広げていきなり派手な色を見せるのです。一種の警戒色のような働きで、いきなり派手な色を見せられて天敵が驚き、慄くことを期待していると思われます。鳥などには一定の効果があるとする報告もありますが、虫好きの人間は……。

　以上のように、二段階の防御法をもつカトカラ。パッと翅を開くときの「やべっ！　見つかった！」みたいな行動がユーモラスです。

パッ!!

28 クロアゲハの威嚇は世界一可愛い

ただでさえ可愛い柚子坊が、頭を丸く膨らませ、風もないのに頭をゆ〜らゆら……。このシーンにキュンとしないわけがありません。

　柑橘類は庭木としても人気があります。柑橘類を植えると、ほぼもれなく「柚子坊」がやってくることでしょう。

　柚子坊とは柑橘類の葉を食べるアゲハチョウ科の終齢幼虫（p.156参照）の俗称です。アゲハチョウ科の幼虫の多くは、終齢幼虫では緑色をしていて大きな眼状紋（眼玉模様）をもちます。これが実に擬人化が容易なため、一目見て「可愛い」という印象を受けるのです。

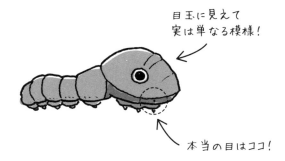

目玉に見えて
実は単なる模様！

本当の目はココ！

　人間は、擬人化が容易な生物、丸っこい生物に好感をもちます。コアラやパンダの人気の秘密もここにあります。そして柚子坊も頭が丸っこく、大きく丸い眼状紋のために非常に可愛いと感じさせられるのでしょう。

　ここからは筆者の仮説ですが、ヒトが育てる柑橘類を食べるため、アゲハチョウの仲間はヒトに好かれる容姿へと進化した、というのは

考えすぎでしょうか。

　たとえば都心では主にナミアゲハ、クロアゲハ、ナガサキアゲハの各幼虫が柚子坊として登場します。ナミアゲハは若い木を好むのに対してクロアゲハは大木を好むなど、微妙な棲み分けができているようです。

　柚子坊もいくつか威嚇の手段をもっています。最も有名なのは、角（臭角）を出す方法です。ナミアゲハやナガサキアゲハはオレンジ色、クロアゲハは鮮やかな赤色の角です。角を出すと、テルペノイドを主成分とする独特の異臭を漂わせます。

　もう一つの威嚇方法は、頭を大きく膨らませてヘビのマネをするというものです。感覚的にはクロアゲハの幼虫が最もよくこの方法を取ると感じます。

　ただでさえ可愛い柚子坊が、頭を丸く膨らませ、風もないのに頭をゆ〜らゆら……このシーンにキュンとしないわけがありません。

イカクしてるんだけど…。

角から
イヤ〜な
臭いを出す

カワイ〜♡

29 アリに育てられるチョウ

> クロシジミは、アリの巣に運ばれ、アリに養われて育ちます。敵に回すと怖いが、味方につけると心強いのがアリです。

　アリは小さな昆虫の代表でありながら、鋭い顎と怪力、そして蟻酸という化学兵器ももっていて戦闘能力はかなり高めです。気に入らないことがあれば、集団でオオカマキリすら引きずり倒すほど。逆に考えれば味方につけるとかなり心強い存在といえます。

　クロシジミというシジミチョウは、クヌギなどに卵を産みつけ、アブラムシやキジラミなどの分泌物を食べます。実はアブラムシはアリと相利共生※をしている生物でもあります。アブラムシの分泌物はアリも大好物ですが、分泌物をもらう代わりにアブラムシをテントウムシなどの天敵から守ってやるというわけです。

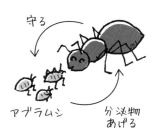

守る

アブラムシ　　　分泌物
　　　　　　　　あげる

　アブラムシが群れているところを観察すると、高確率でアリもたくさん見られるのはこのためです。

　※共生：両者が利益を得る（いわゆる win-win）相利共生、片方だけが利益を得る片利共生がある。ジンベイザメとコバンザメの関係が片利共生の代表例。

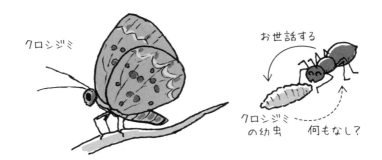

クロシジミ

お世話する

クロシジミ
の幼虫

何もなし？

　やがて脱皮して二齢幼虫になったクロシジミの幼虫は、なんとクロオオアリの巣へと運ばれてしまいます。傍目から見るとアリに襲われたのかと思ってしまいますが、実は巣に連れて行かれたクロシジミの幼虫は、アリに養われるのです。アリの巣の中で成長した幼虫は、翌年初夏にアリの巣の中で蛹になり、やがて羽化してアリの巣から巣立っていきます。

うちにおいで

アリの巣からの
巣立ち！

お世話

　アリとクロシジミの関係では、クロシジミのほうが得をしていることから、今のところ片利共生といえます。アリもなんらかの利益を得ているとする説もあり、今後面白いことがわかってくるかもしれません。

30 アリの巣に侵入するチョウ

> ゴマシジミの幼虫もアリの巣に連れて行かれますが、なんとアリの幼虫から体液を吸ってしまいます。アリをうまく騙しているのですが、バレると処刑されてしまうという恐るべき生存戦略です。

　アリに養われるという生存戦略を選んだクロシジミもなかなかですが、シジミチョウの中にはもっと上手がいます。ゴマシジミです。

ゴマシジミ

　ゴマシジミの卵はワレモコウという植物に産みつけられ、若齢幼虫はワレモコウを食べます。しかし三齢幼虫になるとシワクシケアリというアリの巣に侵入するのです。シワクシケアリとは聞き慣れない名前かもしれませんが、ごく普通に見られるアリンコであります。

　イモムシがシワクシケアリの好む体液を分泌し、アリの巣に連れて行ってもらうのはクロシジミと一緒です。しかしなぜか養ってはもらえません。

　だから、というわけではないと思いますが、ゴマシジミの幼虫はアリの巣をうろつき、育児室を見つけると仲間のアリのふりをして育児室に紛れ込みます。アリは重度の近視なので容姿がまったく異なるゴマシジミの幼虫を見逃してしまうわけです。

　育児室に忍び込んだゴマシジミの幼虫は、アリの幼虫に抱きつき、

ドラキュラのごとく体液を吸ってしまいます。終齢幼虫ともなるとその食欲はかなりのもの。大量のゴマシジミの幼虫に侵入されるとシワクシケアリの巣が全滅してしまうこともあります。

ただこの生存方法はいつも成功するわけではありません。アリにバレて反対に餌食になってしまうことも少なくありません。どうやら20〜40％ほどの幼虫がバレて処刑されてしまうとされています。

また同じシワクシケアリの巣でも、巣ごとに個性があり、警備に厳しい巣、警備のゆるい巣があるようです。運良く警備のゆるい巣に入れれば生存率は高まります。

イモムシがアリを騙す方法は、まだ謎に包まれていますが、振動や音なども活用しているようです。

アリに養ってもらったり利用したりと、シジミチョウは恐ろしく進化したチョウといってよいでしょう。他に珍しいものを食べるシジミチョウとしてはゴイシシジミがいます。ゴイシシジミの幼虫は、まるでテントウムシのようにアブラムシやカイガラムシを食べる肉食性なのです。ゴイシシジミは、成虫もアブラムシの分泌液を飲みます。

ゴイシシジミ

31 オオミズアオだけは特別

> ダントツの人気を誇るオオミズアオ。かつての学名では「月の女王」と呼ばれていました。薄い水色〜黄緑色の巨大なガで、息を飲む美しさです。

　悲しいことに、日本では「ガ差別」が激しいという現実があります。チョウは好きだけれどガは……。

　チョウの幼虫だと思って育てていたけれどガの幼虫なら育てるのやめようかな……。

　こんな声をしばしば耳にします。前記のようにチョウとガに生物学的な違いはありません。それにもかかわらず、イメージの良し悪しは雲泥の差です。

　人気がイマイチなガの仲間でも、子どもや虫好きな人に比較的人気のあるグループがいます。スズメガとヤママユガの仲間です。いずれも幼虫が大きなイモムシまたは毛虫であり、とても育てがいがあるのが大きいでしょう。

　そんな中でもダントツの人気を誇るのがオオミズアオ。かつての学名では「月の女王」と呼ばれていました。名前から想像できるかもしれませんが、薄い水色〜黄緑色の巨大なガです。ガは苦手だけれどオオミズアオだけは特別、と話す人にも何人か会いました。

　オオミズアオは夜行性で、なおかつもともと個体数が多くないので見かける機会は少ないですが、都心近くでも生息しています。

　羽化直後の翅がきれいなものは、息を飲む美しさです。妖艶なまでの美貌に圧倒されてか「地球外生物っぽいのが来てるんだけれど」と助けを求められて見に行くと、オオミズアオであることがしばしば。

大きさも手のひらサイズ以上で、都心近くで見られるガとしては最大級です。

　しかし優美な見かけによらず、飛び方は乱暴で下手です。バタバタと不器用に羽ばたいてはぶつかったり墜落したりするので、翅はすぐにボロボロになってしまいます。

　オオミズアオの成虫は口が退化して何も食べることができません。丸々と太ったからだに蓄えた栄養を使い切ったら寿命なのです。

　ヤママユガの仲間はこの丸々と太った、くまのプーさんのようなからだもチャーミングポイントです。

　なお幼虫は鮮やかな黄緑色で、ゼリーのような巨大イモムシ（毛虫？）です。イモムシと呼ぶべきか毛虫と呼ぶべきか、迷う毛深さをしています。体長80mmほどですが、からだが太くてずっしりと重く、ゼリーのような見た目に反してからだが硬いので実際よりかなり大きく感じることでしょう。ちょうどサボテンのような手触りです。

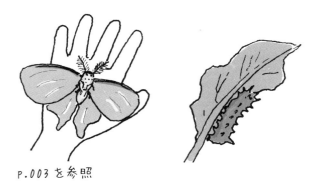

p.003 を参照

32 チョウの棲み分け

「自分のものは自分のもの、他人のものは他人のもの」。どんなに空腹でも、自分の食草以外には絶対に手を出さないのがチョウやガの幼虫たちのストイックなこだわりです。

　チョウやガの幼虫の多くは、植物を食べます。ドクガやアメリカシロヒトリのように100種類以上の植物を食べる多食性のものもいるにはいますが、ほとんどの種で幼虫が食べる植物は詳細に決まっていて食草（host plant）と呼ばれます。たとえばモンシロチョウはアブラナ科の葉、ナミアゲハは柑橘類の葉、ヤマトシジミはカタバミの葉、ジャコウアゲハはウマノスズクサの葉……などです。

　ナミアゲハの幼虫は、どんなに空腹でもアブラナ科を食べることは通常ありません。自分の食べ物以外には決して手を出さない……なかなかストイックで美しくないでしょうか。人間界では、「食い尽くし系」などと呼ばれ、他人の食べ物に平気で手を出す輩が少なくないのに……。チョウやガの幼虫にこの性質があるために、多くの種類のチョウ・ガが競争することなく、共存することができているともいえるからです。

　自分の食草以外に手を出さないことは、生理学的な理由もあります。多くの植物は、幼虫にとって毒となる成分をもっています。幼虫は、食草とする植物に対してのみ、解毒する生理機能をもっているというわけです。

　「自分のものは自分のもの、他人のものは他人のもの」、たくさんのものが平和に共存するコツはこれに尽きます。

33 オーバーリアクションな毛虫

> フクラスズメの幼虫は、危険が迫ると集団でからだを激しく振動させるので
> びっくりさせられます。赤、黄、黒のトリコロールとジャンボサイズである
> ことがより存在感を醸し出します。

　昆虫にも種による個性があると書きました。そんな中で面白い性質
をもつ毛虫を紹介します。カラムシやイラクサが茂る草原に行くと、
赤、黄、黒のトリコロールをした派手な毛虫の大集団が見つかること
があります。体長が 70 ～ 80mm でなかなかのジャンボ毛虫です。

　この毛虫の集団に近づくと、気配を察した彼らはからだを起こして
一斉にイナバウアーポーズを取ります。苦手な人は、この時点でかな
りの恐怖感を覚えることでしょう。

　さらに危険が迫ったと判断されると、ビヨヨヨヨーンと表現すべき
か、ブルルルルーンと表現すべきか、「いやああああ！」といわん
ばかりにからだを激しく振動させるのです。大集団でこれをやられる
と、虫好きの人でもびっくりしてしまうかもしれません。

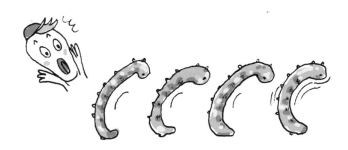

　からだを振動させているときには、からだの赤みが強くなり、口から赤い汁を出します。文字通り、真っ赤になって怒るのです。
　この超オーバーリアクションの毛虫は、フクラスズメの幼虫です。スズメガ科のガと間違えやすいですが、ヤガ科のガです。

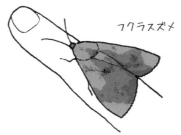

フクラスズメ

　オーバーリアクションなことに加え、大きさと派手な色彩も手伝って不気味がられることが多いですが、人体にはまったく害はありません。むしろ「雑草」を食べるので天然の除草機ともいえる存在です。
　食草が足りなくなると、エサを求めて住宅地などを大量にうろつき、自治体などに相談が寄せられることもあるそうですが、まったくの無害なので、一時のことだと割り切って見守ってはいかがでしょうか。

めっちゃ毒ありそうでしょ？無害でした〜

ハデ〜

34 毒毛虫とは？

> ガのイメージを悪くしているのが、有毒種の存在。しかし有毒種はごくわず
> かなので、ヤバい種を覚えてしまうのが一番早いでしょう。

　ガのイメージを悪くしているのが、有毒種の存在でしょう。有名な
ものではドクガ、チャドクガ、モンシロドクガなどドクガ科がいます。
これらに触れてしまうと激しい痛痒感に襲われ、治癒に 10 日ほどか
かります。

　有毒なドクガ科のガでは、卵、幼虫、蛹、成虫のすべてのステージ
で毒針毛をもつことが特徴です。さらに抜け毛に触れてもアウトです。
遺骸に触ってもかぶれます。勇敢にも観察に挑むときには風上側から、
できれば手袋やゴーグルを着用するとよいでしょう。

　被害報告が多いのはチャドクガ。ドクガのほうがより多くの毒針毛
をもつのですが、山林に多く生息するため、意外に人間と接する機会
が少ないようです。

チャドクガの
幼虫

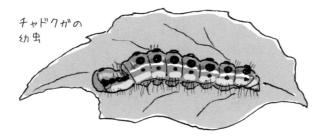

　ただドクガ科のガでも、ヒメシロモンドクガやリンゴドクガのよう
に無毒なものも多くいます。マイマイガにおいては一齢幼虫のみ、毒

針毛をもちます。

マイマイガの
幼虫

ヒメシロ
モンドクガ
の幼虫

　続いてイラガ科の幼虫が挙げられます。イラガ科の幼虫は容姿が独特なので、他の幼虫と見間違うことはありません。イラガ科の幼虫に触れると、一瞬、感電したような激痛が走ります。

　筆者の経験では、跡が残ったりその後痛みが出たりすることはありませんでした。それでもあの激痛は怖いので、飼育に挑むときには全個体の居場所を正確に把握したうえで世話をすることです。イラガは生きている幼虫のみ危険で、他のステージのものは無害です。

イラガの
幼虫

　その他には、クヌギカレハやマツカレハ、タケノホソクロバの幼虫などが有毒毛虫として知られています。ホタルガの幼虫は、分泌液に触れると発赤することがあります。

　以上で有毒毛虫のほとんどを紹介しました。そう、ガが6000種もいるのに対して有毒種はごくわずかなのです。住んでいる地域に生息する、触れるとヤバい種を覚えてしまうのが一番早いでしょう。

35 空飛ぶエビフライ？

> およそガらしくない、とてつもなく可愛いオオスカシバ。幼虫はクチナシを丸坊主にする、あのイモムシです。

「日本にもハチドリがいた！」
「空飛ぶエビフライが！」

ネット上でときどきこんな話題を目にすることがあります。正体はオオスカシバというスズメガの仲間です。オオミズアオ同様、「ガの中でもオオスカシバだけは好き」と特別視されやすいガでもあります。

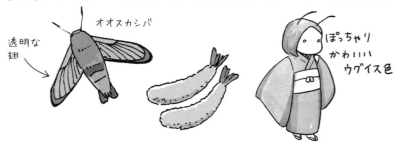

最もガらしくないところは、オオスカシバは鱗粉（りんぷん）をもっていないことでしょう。正確にいえば羽化したときにはもっていますが、激しく羽ばたくことで鱗粉を落として、透明な翅になってしまうのです。

さらに、からだが黄色、赤、黒とフクラスズメの幼虫のようなトリコロールを呈しています。チョウに比べてガはからだが太い傾向にありますが、ガの中でもオオスカシバは特にぽっちゃりさん。

すると、小鳥のように見えたり、エビフライに見えたりするわけですが、本来はスズメバチへの擬態を狙ったと考えられています。その証拠に、「ブーン！」とかなり派手な音を立てながら飛び、ホバリン

グもします。

　園芸が好きな方は、幼虫にもおなじみだと思います。クチナシを丸坊主にするイモムシといえば、ピンとくることでしょう。クチナシは都市部でも街路樹などに利用されるため、オオスカシバの幼虫は比較的簡単に見つかると思います。育ててみると面白いガの一つですが、筆者も鱗粉を落とす瞬間はまだ目撃できずにいます。

 ## 昆虫が描かれた小説・童話

　昆虫は小説のモチーフとしてもよく用いられます。

　日本の小説では、灰谷健次郎氏の『兎の眼』が挙げられます。新任の女性教師が児童とともに成長していく物語ですが、冒頭のシーンから強烈です。なんと、クラスで飼っていたカエルを、とある男子が八つ裂きにしたところから始まり、やがてその男子がハエを飼っていたことが判明して……。

　海外小説では、ヘルマン・ヘッセ氏の『少年の日の思い出』が有名です。クジャクヤママユの標本がどうしても欲しくなり、魔が差して盗みを犯してしまう少年の話です。

　童話ではワルデマル・ボンゼルス氏の『みつばちマーヤ』やエリック・カール氏の『はらぺこあおむし』など、枚挙にいとまがありません。

　こうした小説や童話を読むと、ますます虫に親しみが湧くことでしょう。

　一方で、虫・昆虫の奇妙な姿から、ホラーのモチーフとしてもしばしば使われます。赤星香一郎氏の『虫とりのうた』や『幼虫旅館』ではとても効果的に昆虫が使われていて、虫好きの筆者でもぞっとしたほどです。

36 家畜化されたカイコ

上質な絹糸を作るカイコガですが、壁を登ることも葉っぱに捉まることも、
逃げることもできません。家畜化された昆虫の代表です。

　イモムシ、毛虫は食事、消化、成長に特化したからだをしています。
「歩く腸」といっても過言ではありません。運動能力は低く、走って
逃げられるほどでもありませんし、せいぜい頭を振って抵抗するくら
いしかできません。

　そんなイモムシの中でも、特段運動能力が低い種がいます。それが
カイコです。小学校の教室で飼育したという方もいるかもしれません。
そのときのことを思い出してみると、蓋をしていなかったことが思い
出されないでしょうか。

　カイコは壁を登れず脱走しません。それどころかほとんど歩けませ
ん。数cm先にクワの葉があっても、食べ物にありつけずに死んでし
まうことがあります。また葉っぱなどにつかまることもできません。

　カイコは人間によって家畜化されたガなのです。自然界では生きて
いくことができません。カイコの先祖はクワコというガだと考えられ
ています。

　カイコの幼虫は、クワの葉を食べて成長し、やがて繭を作ってその
中で蛹になります。この繭が上質の絹糸になるのです。

都市には虫がいないって本当？

　人間は興味があるものしか見えません。たとえば今日、外出した方は石ころが何個も目に入ったはずですが、どんな石ころだったか説明できるでしょうか。

　「都会には昆虫がいない」「最近昆虫が減ってきた」という意見も、実は見えていないだけという可能性大です。その証拠に、いざ昆虫に興味をもつとただの街路樹、どなたかが栽培している花でしかなかったものに、どんどん虫が見えてくるから不思議です。木の幹にはカメムシ、葉にはイモムシやハムシ、根元にはアリの巣……。

　まるで魔法のメガネをかけたようで、びっくりさせられます。今度は試しに植物に興味をもってみると、都会でもタンポポ、ナズナ、ギシギシ、カタバミ、ヒメムカシヨモギ、オオアレチノギク……これまで「邪魔な雑草」としか認識していなかったものすべてに、名前がついて認識されるのです。

　どれだけ見えるか、は実際の視力とはあまり関係がありません。視力２.０が余裕な方でも見えないという方はいますし、１.０未満でもがんがん見えてくる方もいます。

　虫・昆虫に興味をもつと、まず世界が変わって虫ががんがん見えてきます。ぜひとも「虫が見える目」を作っていってみてはいかがでしょうか。

第 2 章

身近にいてヒヤッとする
虫も実はすごい！

37 普段見かけるのは「お婆さんアリ」

アリには女王アリ、オスアリ、働きアリがいます。働きアリはすべてメスであり、巣の外での危険な作業を担当するのは主に年取った働きアリ、つまりお婆さんアリです。

アリとハチは、ともにハチ目（膜翅目）という仲間に入ります。完全変態でメスの産卵管をしばしば毒針へと変化させ、社会生活をするものが多いという共通点があります。一般にワーカー（働きバチ、働きアリ）が羽をもつものをハチ、もたないものをアリとしています。

アリやハチは、生態が大変多様で社会生活をするものが多くいます。彼らの代表的な社会システムを見てみましょう。

巣には、まず女王アリ（女王バチ）と呼ばれる個体がいます。彼女はひたすら産卵に徹します。いつだったか「女性は子どもを産む機械」と発言して大顰蹙を買った政治家がいましたが、女王アリ（女王バチ）は本当に卵を産むマシンと化すのです。

女王から生まれた個体の多くは、働きアリ（働きバチ）になります。働きアリ（働きバチ）は生殖能力がないことがほとんどです。子育てや巣作り、エサ探し、育児、女王の世話などの労働に徹します。

働きアリ（働きバチ）はすべてメスです。オスが生まれても、しば

らくは巣の中でぷらぷらしていて働くことはありません。オスは多くともメスの１割くらいで、繁殖期にしか生まれません。

　女王が産んだ子のうち、選ばれし子はロイヤルゼリーという特殊なエサを与えられ、からだが数倍、寿命が数十倍に伸びます。そう、未来の女王候補です。

　時期がくると、女王候補とオスが一斉に飛び立ち、上空で交尾をします。近親婚を避けるためか、巣の中では発情期の新女王とオスが出会っても反応しないのです。

　やがて交尾を終えたオスは死んでしまい、新女王は新しい巣を作り始めます。働きアリ（働きバチ）が羽化するまでは、女王だけで産卵、子育て、労働を行わなければなりません。

　ところで、いろいろある働きアリ（働きバチ）の労働はどのように配分されるのでしょうか。

　人間の感覚だと残酷に感じますが、アリやハチの常識では「若い個体が死ぬと損失が大きいが、老齢の個体が死んでも損失が小さい」と割り切っています。このため、若い個体は巣の中で安全な労働、年取った個体は外に出て危険な労働を担うことになるのです。

　ですから、巣の外に出てくるのは多くの場合、高齢の働きアリ（働きバチ）、つまり「お婆さん」ということになるのです。

　ちなみに、たとえばトビイロケアリでは働きアリの寿命は１年くら

いですが、女王アリになると寿命はなんと30年くらいに延びます。読者の皆さまより年上の女王アリも、けっこういるのかもしれませんね。

38 いろいろなアリ、働かないアリ

> なんと「あまり働かない働きアリ」が一定数存在することがわかってきました。さらに、まったく働かず、他のアリを働かせるというとんでもない進化を遂げたアリまでいるのです。

　アリといえば、とにかく働き者のイメージがあります。しかし、7割の働きアリは「サボり気味」だということもわかってきました。
　そこで、この7割を「解雇」すると、面白いことに今度は働き者の中からサボるアリが出てくるのです。反対に7割の「サボりアリ」だけにすると、その中から働くアリが出てくるという……。

　サボっているように見えるアリは、有事のために体力を温存していると考えられています。人間社会でも見習いたいですね。「ギリギリの人数で組織を回す」と、有事のときににっちもさっちも行かなくなることは東日本大震災のときに学んだはずなのに……。
　ところがアリの中には、「まったく働かない種」というとんでもないものが存在するのです。サムライアリやアカヤマアリなどです。彼らはまったく働きません。ではどうやって生きているのでしょうか。
　それはなんと「奴隷狩り」です。集団で他のアリ（クロヤマアリなど）の巣に乱入し、蛹を奪うのです。そして羽化したクロヤマアリに

働いてもらうという、とんでもない生存戦略を生み出しました。

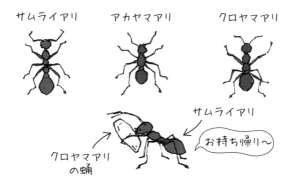

サムライアリにも言い分はあります。サムライアリは顎が大きく不器用で、仕事がうまくできません。自力で食べ物を食べることすらできないのです。唯一できることが「奴隷狩り」だったのでした。

サムライアリは、夏の夕方に奴隷狩りに出ます。サムライアリが奴隷狩りに出た晩は決して雨が降らないといわれているので、天然の気象予報士として庭に営巣させるとよいかもしれませんね。

39 スズメバチ・ラスボスは?

怖いイメージばかりがもたれがちなスズメバチですが、生態をよく知れば、過剰に恐れることはありません。「人間が、動物や虫のすみかにお邪魔しているのだ」という謙虚な姿勢が大切です。

晩夏〜秋になると、毎年スズメバチに刺される事故がニュースになります。日本ではクマやマムシよりも、スズメバチに襲われて死亡する人が多いのです。

スズメバチは、アシナガバチの仲間で、日本には、外来種や詳細が不明な種も含め約16種が生息します。そこでスズメバチの狂暴ランキングと、刺されないための対策や、刺されてしまったときの対処などをご紹介します。

スズメバチというと、いつも怒り狂っているイメージがありますが、怒りっぽい種もいれば、温和な種もいます。比較的メジャーな7種を、温和な順に並べてみましょう。

性格が怒りっぽいハチ選手権!

7位：ヒメスズメバチ
6位：コガタスズメバチ
5位：クロスズメバチ
4位：モンスズメバチ
3位：チャイロスズメバチ
2位：キイロスズメバチ
1位（ラスボス）：オオスズメバチ

温和〜

イラ
イラッ

　個人的には、モンスズメバチより上の種は原則、駆除・撤去は不要と考えています。祖母宅の郵便受けのすぐ上にコガタスズメバチが営巣したことがありますが、一年間放置しても何も起こりませんでした（毎日郵便受けを使用していた）。ただ、「コガタ」とはいっても、オオスズメバチよりは小さいというくらいのニュアンスです。飛んでくるとスズメバチらしい迫力は十分です。

　刺される被害が多いのはキイロスズメバチです。キイロスズメバチは都市部にも生息し、大きな巣ではメンバー数は数千に達し、巣の大きさも直径1mに達することがあります。

　ラスボス・オオスズメバチは、キイロスズメバチの巣を襲って全滅させるほどの荒くれ者なのですが、自然の豊かなところに多く、キイロスズメバチほど人間の生活空間とバッティングしないのです。

キイロスズメバチ　　　　　オオスズメバチ

　では、スズメバチに刺されないために、どのようなことに気をつけたらよいでしょうか。頭に入れておくべきことは、「スズメバチは巣を守ることに命をかけている生き物だ」ということです。ですから、「巣を脅かす存在」だとハチに認識されないことに尽きます。

　具体的にはハチの出す「これ以上巣に近づくな」というサインに気づけるかどうかが運命の分かれ道といえるでしょう。反対に、巣から離れて単独行動しているときは滅多に攻撃してきません。

　巣に近づくと、数頭のハチが巣から飛び出し、顎で「カチカチ

……」という音を出して威嚇してきます。これをやられたら、なるべく姿勢を低くし、かつ刺激しないように速やかにその場を離れましょう。気が荒い個体だと、体当たりしてきたり、取り囲むように飛んだりすることもあります。慣れないと相当怖いですが、以下のような行動は絶対にとってはいけません。

これらをやってしまうと、いよいよ毒針を使った攻撃に入る可能性が高くなります。怖いと思ったときほど、NG行動をとってしまいがちなので、十分気をつけたいところです。

加えて、スズメバチを刺激してしまう服装や匂いにも注意が必要です。黒という色がハチを興奮させることがわかっています。スズメバチのいそうな野山ではなるべく黒い服を避けましょう。

それから香水も極めて危険です。ハチは嗅覚でもコミュニケーションをとることがあるため、妙な匂いをぷんぷんさせていると威嚇なしで襲ってくるケースすらあります。

　もし刺されてしまったら？

　何度も刺されないように、まずは逃げます。そして、傷口を水で洗い流してつねるようにして毒を出し、虫刺され用の軟膏を塗ったうえで、医師の診断を受けるとよいでしょう。

　さらに、嘔吐、発熱、蕁麻疹などの全身症状が現れたときは、ためらわずに救急車を呼びます。日頃から「ポイズンリムーバー」や「エピペン」などの使い方を確認しておくことも大切です。

　怖いイメージばかりがもたれがちなスズメバチですが、地域によっては「スズメバチが自宅に営巣するとお金持ちになる」と言い伝えられ、大切に見守る風習も残っています。生態を知れば、過剰に恐れることはありません。

　「人間が、動物や虫のすみかにお邪魔しているのだ」という謙虚な姿勢が、トラブルを避ける秘訣かもしれません。

40 成虫になるまでウンチ禁止！

> 口を塞がれるのもしんどいですが、肛門を塞がれたら……。

　食事を禁止、睡眠を禁止されるのもつらいですが、排泄禁止はヒトにとっては最大級の拷問ではないでしょうか。

　しかし、それぞれがどれくらいつらいかは、生物によって異なります。鳥類は「垂れ流し」をするので食い溜めが効かず、断食に弱いのです。一方で大型爬虫類などは、一度大物を食べると数か月は食べなくて平気なものもいます。

　そんな中、ある程度成長するまで排泄禁止を余儀なくされる生き物がいます。寄生バチの仲間です。イモムシを飼っていると、意外に高確率でハチやハエが羽化します。野生で育ったイモムシの多くは、寄生バチや寄生バエに寄生されているのです。

　寄生バチは、イモムシのからだに卵を産みつけ、孵化した幼虫はイモムシの体内に入ってイモムシのからだを食べて育ちます。寄生バチの幼虫は、うまくイモムシの免疫機能を免れますが、迂闊にフンをしようものなら、イモムシの免疫システムに高確率で見つかってしまいます。

　そこで寄生バチの幼虫は、肛門を塞いでフンをしないことを選択したのです。ある程度成長し、イモムシの体外へと飛び出すときにようやく肛門が開通します。

　大人になって生まれて初めてするウンチ。いったいどんな気分なのでしょう。ヒトが初めて酒を口にするときの心持ちに似ているのかもしれません。

　イモムシの中でも、種によって狙う寄生バチはおおよそ決まっていて、モンシロチョウはアオムシコマユバチ、アゲハ類はアゲハヒメバチによく狙われます。特にアオスジアゲハは被寄生率が高いようで、街路樹としてクスノキが増えても極端に個体数が増えない一因と考えられています。

41 ゴキブリの速度は新幹線並み?

ゴキブリの身体能力はハンパではありません。もしゴキブリがヒトサイズになれば、新幹線の速度を超える計算になってしまいます。

ゴキブリは日本で約60種見つかっており、クロゴキブリ、チャバネゴキブリなど10種程度が屋内生活に適応しています。モリチャバネゴキブリはチャバネゴキブリにそっくりですが、まず室内には入ってこないので生息場所で区別できます。

昔、「さんまのスーパーからくりTV」で、インタビューを受けた男性が

　ゴキブリも　ゆっくり歩けば　カブトムシ

と詠んでいたことが筆者の記憶に残っています。

ゴキブリが嫌われてしまう原因は、都会の室内で遭遇する生き物の中では最大級のサイズであること、そしてなんといっても並外れた身体能力にあると思われます。

仮にゴキブリがヒトくらいのサイズだったとすると、どのくらいの速さで走れるのでしょうか。人類最速のボルト選手の記録よりも速いのでしょうか。

単純に計算してみます。ゴキブリは1秒間で体長の50倍の距離を移動できます。ヒトのサイズに置き換えると時速300km以上。新幹線のぞみよりも速いことになってしまうのです。この常識外れの身体能力が、ヒトに恐怖感を与えるのかもしれません。

こんなに速く走れるのは、脚にたっぷりと筋肉がついているためです。しかしこの脚は取れやすく、いざというときには脚を切り捨てて

逃げることもあります。

　またゴキブリは強度近視（視力 0.1 程度）にもかかわらず、攻撃をかわす能力にも長けています。これは気流感覚毛が発達しているためです。風の変化から敵の動きを読み取り、ハイテクな触角も駆使して巧みに攻撃をかわすのです。写真を撮っているときには逃げなかったのに、「捕まえてみようか」などという下心を抱いた瞬間、視界から消えてしまいます。

　ゴキブリの中には飛ぶことができる種もいます。ただカブトムシやテントウムシと違って、助走しないと飛べないのです。

　幸い多くのゴキブリは狭くて暗い場所を好むので、もしゴキブリを飼育するときには、飛ばれないためにもあまり広くない飼育器を使うのがよいでしょう。そして脱走防止のために飼育器の上部にはバターなどを塗ります。さすがのゴキブリもバターを塗られたツルツルの壁面はうまく歩けません。

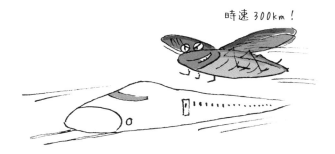

時速 300km !

42 ゴキブリは本当にばっちいのか

ゴキブリは、世間一般で思われているほど汚くはないようです。そうでないと、ゴキブリ自身も無事ではいられません。からだは強力な抗菌仕様になっています。

夏になると、スーパーやドラッグストアには所狭しとゴキブリ駆除グッズが陳列されます。ゴキブリは主に衛生害虫※とされ、サルモネラ菌などをバラ撒くとされています。ここで素朴な疑問ですが、ゴキブリはどれくらい「ばっちい」のでしょうか。

※衛生害虫：細菌や病原体を媒介する可能性がある虫。

意外なことにそれほどでないという報告があります。ゴキブリが病気を媒介したことがはっきりしている例は世界で一つしかありません。ベルギーのチャバネゴキブリの事例です。世界でたった一つということは、「ほぼあり得ないこと」といってよいでしょう。

「病原体を媒介する」と常識のごとく断言されるものの、先入観に

よるところが大きいかもしれません。

　筆者もゴキブリは素手で捕まえてしまいますが、それで体調を崩したことはありません。

　これはゴキブリのからだが、強力な「抗菌仕様」になっているためです。危険な病原体を選んで殺す抗菌ペプチド（AMPs）を作ることができるため、ゴキブリのからだでの病原体の増殖が抑えられているのです。ゴキブリの強力な抗菌ペプチドを医療に取り入れようとしている研究もあり、ばっちいどころか人類を救う存在になるかもしれません。

　そもそも、人間がイメージするほどの病原体を本当にもっていたら、ゴキブリ自身も無事ではいられないことでしょう。

　とはいえ、ゴキブリに触れた後は必ず手を洗いましょう。「どれくらいばっちいか」の解答としては、ハムスターやカメと同じくらいということになります。ハムスターやカメと遊んだ後は手を洗いますよね。

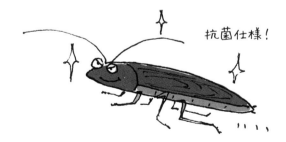

抗菌仕様！

43 コガネムシは金持ちだ

童謡で歌われていたのは、なんとゴキブリのことだった！　ゴキブリを有難がる文化は世界中に存在します。

黄金虫は金持ちだ〜♪

金蔵建てた蔵建てた〜♪

　こんな童謡がありますね。コガネムシといえば金緑色に輝く美しい甲虫。見るからに金運アップのお守りになりそうなデザインの昆虫です。

　ところが、この童謡で歌われている「コガネムシ」とは、なんとゴキブリのことだというのです。茨城県などではゴキブリのことをコガネムシと呼ぶのです。

　ゴキブリが出るような家は食べ物が豊富で、冬も温かい、昔は憧れの対象であったのでしょう。または卵（卵鞘）をもったゴキブリが、まるで大きながま口財布を引きずっているように見えるからだとする説もあります。

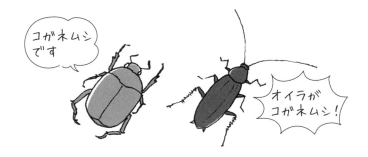

コガネムシ
です

オイラが
コガネムシ！

　このように方言や言語が異なると、まったく違う意味になることはよくあります。「手紙」は中国語ではトイレットペーパーですし、「怖い」は北関東などでは固いという意味になります。

　なお、ロシアではゴキブリは幸運のシンボルです。いなくなるのは不幸の前兆とまでいわれ、引っ越しをするときにはわざわざ連れていく人もいるほどだそうです。

44 地球上で一番オナラをする動物

> ヒトだけでなく、昆虫を含めたいろいろな動物がオナラをします。メタンがメインの原始的なオナラから、複雑な有機物を微妙なバランスで混ぜた高級なオナラまでいろいろです。

ヒトは1日平均約7〜20回、200〜2000ml程度の放屁をします。食べ物による差や個人差が大きいのです。そんなにしていない？ いわゆる「寝っぺ」も含むのですよ。

昆虫など他の動物もオナラをします。頻度や成分、目的は実にさまざまです。スカンクやカメムシは、天敵から逃れるために武器としてオナラを使います。スカンクのオナラは大変危険で、目に入ると失明の恐れもあります。ペット用のスカンクは臭腺を取り除いてあります。

ミイデラゴミムシ（ヘッピリ虫）も面白いオナラの使い方をします。ミイデラゴミムシはヒドロキノン（$C_6H_4(OH)_2$）という物質と、過酸化水素（H_2O_2）という物質を別々に体内に蓄えています。そしていざ放屁！ そのとき2つを混ぜることで爆発的に反応して100℃にも達します。これがミイデラゴミムシのオナラの秘密です。「バイナリー爆弾※」のようです。

※バイナリー爆弾：2種類の物質を混ぜることで爆発させるタイプの爆弾。

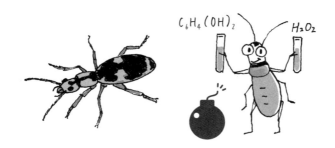

116

　ところで、地球上で最もオナラをする動物は何でしょうか。それはシロアリです。シロアリのオナラは温室効果ガスの一つであるメタンがメインで、地球温暖化に影響を与えているのではないかという議論が起こるほどです。

　シロアリと分類的に非常に近い昆虫がゴキブリです。ゴキブリも、わりとオナラをします。だいたい 15 分に 1 回の割合でオナラをします。

　ただしゴキブリのブリはオナラの音から来たのではありません。御器噛り（ごきかぶり）が語源とされています。御器とは食べ物を盛るための椀で、これを齧ることから来ています。

　シロアリやゴキブリのオナラは、メタンがメインの原始的なオナラです。ヒトのオナラは窒素、水素、酸素、二酸化炭素、アンモニア、硫化水素、メタン、インドール（C_8H_7N）、スカトール（C_9H_9N）、ホスフィン（PH_3）などからなります。臭い匂いの原因になるのはスカトールや硫化水素などです。

　お風呂でオナラをして水上置換で捕まえた経験があると思います（ないとはいわせない）。さらに、それに火をつけて遊んだ経験がある方もいるかもしれません。可燃性のメタンや爆発性の硫化水素を含むために燃えたり下手をすると爆発を起こしたりするのです。

　さらにカメムシのオナラは、大変高級（？）です。ウンデカン、ドデカン、トリデカン、カプロン酸、ヘキサナール、ヘキセナール、デ

ィセナール、ヘキシールアセテート、モノテルペン、オクテノール、ノナノン、プロペナール……などなど聞き慣れない物質からなります。実験室で合成しようとしてもなかなかできないような、複雑な有機物が絶妙に混ざり合っているのです。

　しかもカメムシの種類によって成分は異なり、中には芳香を感じさせられる種もいます。

　面白いことに悪臭のものも薄めると芳香に感じることもあります。ヒトのオナラも、薄めるとなんとジャスミンの香りになります。

　水中のギャングとして恐れられるタガメもカメムシの仲間ですが、タガメを食べる（飲む）と洋ナシの芳香がします（「昆虫大学」というイベントでタガメサイダーとして経験済み）。

いい匂い
でしょ！

オナラの成分いろいろ

ゴキブリ、シロアリ
メタンなど

ヒト（食べ物や腸内細菌によって割合が変化する）
窒素、水素、酸素、二酸化炭素、アンモニア、硫化水素、メタン、インドール（C_8H_7N）、スカトール（C_9H_9N）、ホスフィン（PH_3）など
※スカトールは不快臭のする物質ですが薄めるとジャスミンの香りになるという不思議な物質です。

スカンク
ブチルメルカプタン（$C_4H_{10}S$）

ミイデラゴミムシ
ヒドロキノン（$C_6H_4(OH)_2$）＋過酸化水素（H_2O_2）＝ベンゾキノン（$C_6H_4O_2$）
※「バイナリー爆弾」のように、2種類の物質を体内に別々に保存し、いざ使うときに混ぜると、爆発的に反応して100℃以上に達します。

カメムシ
ウンデカン、ドデカン、トリデカン、カプロン酸、ヘキサナール、ヘキセナール、ディセナール、ヘキシールアセテート、モノテルペン、オクテノール、ノナノン、プロペナール……などなど

45 カに刺されるとなぜかゆい？

> カの唾液に含まれるたんぱく質（シアロルフィン）がアレルギー反応を起こ
> します。シアロルフィンは麻酔作用があるために、カに刺されていることに
> 気づきにくいのです。

カに刺されたとき、何が一番嫌かといえばかゆくなることではない
でしょうか。かゆくさえならなければ「血液の一滴くらい、くれてや
る」と威勢のいいこともいえるのですが……。

かゆくなる原因は、カの唾液に含まれるたんぱく質（シアロルフィ
ン）です。シアロルフィンには麻酔成分があるため、カに刺されてい
ることに気づきにくいのです。シアロルフィンの研究が新たな鎮痛薬
の開発につながると期待されています。

そしてシアロルフィンはもう一つ厄介な生理作用を促します。シア
ロルフィンはヒトのからだにとっては異物です。このために免疫機能
が働き、アレルギー反応を起こした結果が例の症状です。

　日本には約 100 種のカ（カ科に属する昆虫）が生息していますが、ヒトから吸血する主なものは、ヒトスジシマカ、アカイエカ、チカイエカ、コガタアカイエカ、オオクロヤブカ、シナハマダラカ、トウゴウヤブカ、ヤマトヤブカの 8 種類で、吸血をするのは交尾後のメスです。オスや交尾前のメスは、おとなしく草の汁などを吸っています。

　「丈夫な子どもを作るため」には低カロリーの草の汁では足らず、手っ取り早く栄養価の高いものを食べなければとなり、命がけで動物からの吸血を行うのです。

46 最もヒトを殺している動物は？

最も多くヒトを殺している動物、それはライオンでもカバでも毒ヘビでもなく、カなのです。現在の日本では比較的危険度は小さいものの、今後は要注意です。

カに刺されてもかゆいだけならまだマシです。しかし熱帯地方などを中心に、マラリアやデング熱、日本脳炎、黄熱病などを媒介することもある恐ろしい存在です。

近年の日本では、病気を媒介することはほとんどなくなり、危機感は小さくなっていたのですが、2014年に代々木公園のカがデング熱を媒介したことがわかり、騒ぎになりました。

地球温暖化に伴い、マラリアなども日本に進出してくる可能性もあるため、今後は注意が必要になってくるかもしれません。

ところで、地球上でヒトを最も多く殺している生き物はなんでしょうか？　そう、それがカなのです。熱帯地方では非常にカを恐れています。シンガポールでは、庭にカの発生源となり得る水たまりを放置したら罰金刑が科せられます。

そして2番目に多くヒトを殺している生き物……それはショッキングなことにヒトです。生物の世界では、天敵となる他種の攻略に成功すれば、今度は同種の他個体が最大の脅威になってしまうのです。

　カに刺されたときは洗って清潔にし、冷やして炎症をおさえ、早め
に薬を塗ります（個人的には寝てしまう。起きる頃には治っている）。

　刺されにくくするにはゼラニウム、レモングラスなどのアロマを用
いるとよいでしょう。

　原始的ですが、長そでで、長ズボンを着て肌を出さないようにすると
いうのが一番です。

47 もしカが絶滅したら?

もしもカが絶滅したら、ヒトも絶滅してしまうかもしれません。生態系は非常にデリケートにバランスが取られていて、人為的にいじるのは極めて危険です。

　最もヒトを殺している生物がカであるのならば、カを絶滅させてしまえ!　そんな過激な発想を抱いてしまう人は少なくないかもしれません。すでに不妊のカのメスを作ることは可能であり、その気になれば絶滅させてしまうこともできるでしょう。

　しかし、その結果ヒトも滅びてしまうとする説もあります。カの幼虫のボウフラは、地球上の淡水域の水質を保つことに重要な役割を担っており、全地球の水質が悪化した結果、生態系のバランスが大きく崩れてしまうというのです。

　一方で大した影響がないとする説もあります。カの代わりをコバエやアブなどが果たすことで、生態系には大きな影響はないとする考え方です。

　おそらくどちらも正しいでしょう。それどころか、もし仮に「2回カを絶滅させたら」まったく違ったシナリオになるかもしれません。生態系はそれほどに複雑で不確定要素が大きいのです。

　「風が吹けば桶屋が儲かる」という諺があります。風が吹くと砂埃が舞い上がります。すると目に砂が入って、目を悪くする人が増えます。昔は目の不自由な人は三味線を弾く文化があったため、三味線をたくさん作るためにネコが捕らえられます。ネコの髭を使って三味線を作るためです。ネコが減るとネズミが増殖します。そのネズミが桶を齧ることが増え、結果的に桶屋が儲かるというものです。

　たった一つの因果関係がこんなにも見えにくいうえ、「風が吹けば

桶屋が儲かる」レベルの因果関係が生態系には無数に存在しています。
どんな結果になるかわかったものではありません。

　スーパーコンピュータで計算しようにも限界があります。「北京で
チョウが羽ばたけばニューヨークで雨が降る」バタフライ効果と呼ば
れる現象があるからです。スーパーコンピュータとはいえ、いつどこ
でチョウが羽ばたくか、消しゴムを使って熱が発生するか、誰がクシャ
ミをするか……までを計算に入れることは不可能です。

　生命倫理にも反することでもあり、人間の都合で生物を絶滅させる
といったことは考えないほうが無難でしょう。

48 ハエは本当にすごいぞ

> ハエはうるさくて汚いと嫌われがちです。しかし、ハエほど医学や生物学に貢献した生物は珍しいですし、今後も人類を救っていくことになるかもしれません。

　日本には約3000種のハエが生息しているとされています。多くの昆虫の成虫は4枚の翅をもちますが、ハエはアブと共に双翅目というグループに入り、翅が2枚であることが特徴的です（2枚の後ろ翅が退化）。

　種類が多いばかりか、ハエの同定※は大変難しく、「イエバエの仲間」「キンバエの仲間」というレベルまでわかれば上出来なほどです。そしてキンバエやミドリキンバエを改めて見ると、本当に美しいことにも驚かされます。先入観がなければ「すごくきれいな虫」と認識してしまうことでしょう。

イエバエ

キンバエ

　ハエといえば「五月蠅い」という当て字もある通り、鬱陶しい存在、汚い存在と思われがちです。しかしハエほど人間に貢献してきた、貢献する可能性がある昆虫もいないと思われます。

　まずキッチンなどにたむろするコバエ、ショウジョウバエの仲間です。ショウジョウバエは遺伝学の研究に貢献してきました。中学・高校の生物の問題では、頻繁にショウジョウバエが登場しますね。

　ショウジョウバエは寿命が短いので孫の孫の孫……まで容易に調べることができます。熟れた果実を好むので飼育も簡単です。遺伝子の違いが、翅の形や目の色、触角の形など見た目に現れやすいという特

　※同定（identification）：生物学では主に分類上の「種」を特定すること。

徴も幸いしました。

　同性愛の遺伝子が見つかったのもショウジョウバエです。異性に無関心なハエが特有の遺伝子をもっていることがわかり、悟りを開いたようだということで「ＳＡＴＯＲＩ」と名づけられたのですが、それこそが同性愛の遺伝子だったのです。

　さらにハエの幼虫、ウジが「名医」であることは数千年前のオーストラリア先住民やマヤ文明の医師たちに知られていました。大怪我をしたときの酷い傷口にはハエが産卵し、ウジが湧くことがあります。そのウジは、壊死した組織だけを食べ、健康な組織には手を出しません。加えてアラントイン※という物質を分泌し、感染を防いでいるのです。あたかも傷を治してくれるために現れた妖精型医師のようです。

　日本医科大の研究では、足の切断を余儀なくされた重篤な糖尿病患者21人に「マゴットセラピー（ウジムシ療法）」を施したところ、18人が切断を免れたという結果を発表しています。

　また、昆虫法医学という分野があります。死体に発したウジなどを観察することで正確な死亡時刻を割り出すというものです。

　最も身近な昆虫のひとつ、ハエ。まだまだ無限の可能性を秘めています。

　※アラントイン：やけどや湿疹の薬に使われている物質。抗炎症作用、抗刺激作用などがあり、傷ついた皮膚を修復する。美容分野でも注目されている。

49 クモの糸の丈夫さはえげつない

ある種のクモの糸では、鉄や高強度合成繊維に匹敵する強さを誇ります。しかも軽量でしなやかという特徴までもっています。ただ、クモの養殖は一筋縄ではいかないようです。

クモは昆虫ではありません。ただ昆虫に近い仲間で、おまけとして載せている昆虫図鑑も多いことから本書でも触れようと思います（どこが違うのかは p.142）。

クモといえば芥川龍之介氏の『蜘蛛の糸』を思い浮かべる方も多いでしょう。地獄に落とされた極悪人のカンダタが、たった一回だけクモを助けるという善行をした。そこでお釈迦様はカンダタを助けてやろうと、地獄にクモの糸を垂らす。

カンダタはクモの糸を登っていくが、下からも大勢の人が登ってくる。そこで糸が切れることを恐れたカンダタが「これは俺の糸だ！おまえらは来るな！」と叫んだ瞬間、カンダタのすぐ上から糸が切れてしまう、というストーリーです。

実際にクモの糸はそれくらいの強度があるのでしょうか。人間が縄の代わりに使うことは可能なのでしょうか。

理化学研究所のサイトによると、ある種のクモでは、なんと鉄や高強度合成繊維に匹敵する強さを示すといいます。軽量でありながら強靱、かつしなやかな特徴を示すという恐ろしいスペック。自動車用パーツをはじめとした

構造材料への応用展開が期待されるということです。

そこでクモ糸をなすたんぱく質（ポリペプチド）を、人工的に大量生産する研究が進められています。

「カイコのように養殖すればよいではないか？」と思うかもしれません。しかしクモはなわばり意識が強く、狭いところだとストレスで糸を吐かなくなったり、共喰いしたりしてしまいます。そのために大量のクモを飼育することは現実的ではないのです。

クモの糸の話題をもう少しお話ししたいと思います。クモ自身はなぜ巣に引っ掛からないのでしょうか。

クモの巣は、粘着性のない縦糸と粘着性の強い横糸で作られています。クモは粘着性のない縦糸の上をうまく歩くので、巣に絡まないのです。

また、ヒトがエタノール（アルコール）で酔うように、クモはカフェイン（コーヒー）で酔っ払い、メチャクチャな巣を作るようになります。カフェインというのも不思議な物質で、ヒトに対しては目覚まし・覚醒作用がある一方で、鎮静作用・落ち着かせる作用もあるといいます。これを皮切りに、神経生理学的な研究が進むことも期待できそうですね。

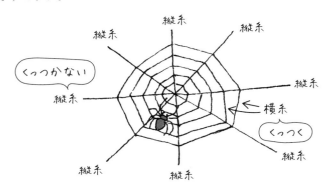

50 親子じゃないよ、夫婦（逆ハーレム）だよ

最も目立つ身近なクモ、ジョロウグモ。巨大でド派手なクモがメスで、同じ
巣にオスが数頭同棲しているのです。

　都市部でも身近で、最も目立つクモにジョロウグモがいます。黄色
と藍色の縞模様で腹部は赤色、体長が約 30 ｍｍと沖縄以外で見られ
るクモとしては最大級です。

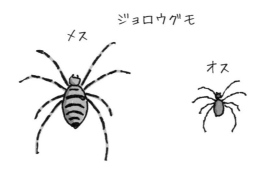

ジョロウグモ

メス

オス

　インパクトのある見た目ですが、人間にはまったくの無害です。ギ
ュッとつかんだりすれば噛むことはあるかもしれませんが、手に乗せ
て歩かせ遊ばせるくらいであれば、まず大丈夫でしょう。
　万一噛まれても心配無用。ジョロウグモは毒をもちますが、あくま
で獲物をしとめるためのものです。ヒトでは赤ちゃんでも、昆虫の
1000 倍くらいの体重ですから、まったく影響はありません。少し痛
いくらいです。
　ジョロウグモは初夏に孵化し、夏から秋が深まるにつれて大きく成
長していきます。晩秋になると、最大サイズに成長し、お腹が大きく

膨らんだ存在感抜群のジョロウグモを見ることができるでしょう。

　そのジョロウグモの巣をよく観察してみましょう。大きく派手なクモの他に、小さなクモがいることが多いのです。小さなクモは複数いることも珍しくありません。小さなクモは子グモでしょうか。

　実は、小さなクモはオスです。巨大でド派手なクモがメス。メスの巣にオスが同棲しているのです。オスは複数いることも多いので逆ハーレム状態といってよいでしょう。

　クモも視力があまりよくないので、オスが妙な動きをすれば、エサと間違えられて食べられてしまうこともあります。

51　クモをいじめると地獄に落とされる？

> クモは益虫であることから、日本人はお釈迦様や神様と同一視する文化が
> 残っており、むやみな殺生を避けてきました。

　筆者が小学生の頃、クモを飼っていたら「クモをいじめると地獄に
落とされるぞ」と親戚に脅かされ、慌てて逃がしたことがあります。

　日本でクモは、「虫」の中でも特殊な位置づけをされていて、殺し
てはいけないと戒められることも多いものです。p.128で『蜘蛛の糸』
という小説を紹介しましたが、お釈迦様の遣いや、商売繁盛の神様と
考えられることがあります。

　実際、クモは人間にとってプラスとなる「益虫」とされます。害虫
とされてしまうハエやゴキブリ、カなどを捕食するためです。特に室
内によく入ってくるのがハエトリグモやアシダカグモの仲間です。い
ずれも巣を作らず、動き回るタイプのクモです。

アシダカグモ

ハエトリグモ

　ハエトリグモは日本だけで100種以上が確認され、体長10mmほ
どのクモです。拡大すると毛むくじゃらで、ケガニをうんと小さくし
たような容姿をしています。大きな目がなんともユーモラスです。ヒ
トに噛みつくことはありません。PCの画面上に出没した場合にはマ

ウスポインターを追いかけたりすることがあります。

　もう一つがアシダカグモです。こちらは30mmと大きく、脚を伸ばすと手のひらサイズになります。見た目が強烈なのでびっくりするかもしれませんが、こちらも噛むことは滅多にありませんし、万一噛まれても少し痛いだけです。アシダカグモはゴキブリを捕らえる名人です。屋内のゴキブリを目当てに人家に入ってくるのです。

　アシダカグモは、からだが大きいだけあってけっこうな食欲で、人家のゴキブリを食べ尽くすと出ていってしまいます。

　以上のように、クモが人家に出ても無害なのでむやみな殺生を避けるために、クモを神様視、お釈迦様視する文化が生まれたと考えられます。わが家でもハエトリグモがよく出ますが、放置しています。

　日本にいるクモでヒトに害を及ぼし得るのは、カバキコマチグモとコケグモの仲間（セアカゴケグモなど）です。

　カバキコマチグモは、イネ科植物などの葉を使って巣を作り、産卵してそれをメスが守っています。このメスは気が荒く、巣に手を出すと噛みつくのです。噛まれると半日くらい痛むことがあります。また、野原で遊んだときにくっついてきたカバキコマチグモに室内で噛まれる例もあるので注意が必要です。

　やがて卵が孵ると、なんと子グモたちは母グモを食べてしまうのです。この「過剰な母性愛」も、クモが神聖視される一因かもしれませんね。

　セアカゴケグモは大変おとなしく、滅多に噛みつきません。ただヒトにも有効な強い神経毒（α-ラトロトキシン）をもち、オーストラリアでは死亡例もあります。今では血清も作られ、適切な治療を行えば死亡することはほとんどありませんが、十分な注意が必要です。

ゴキブリ好きが 0.3％いる！ ナウシカ系の人々

　ゴキブリ対策専用サイト『ゴキラボ』が 1000 人を対象に行ったアンケートによると、嫌いは 93.1％、どちらでもないが 6.6％、好きが 0.3％であったそうです。圧倒的に嫌いな人が多いことは想定済みですが、単純計算をすると、日本人の中に好きが約 38 万人、どちらでもないが約 830 万人もいることになるのです！

　教員としてたくさんの生徒に接し、たくさんの虫好きと会ってきた経験から推測すると、38 万人の内訳はマニアックな人（主に男性）、ナウシカ系の人（こちらは女性にも多い）の 2 種類が大多数を占めると思われます。

　小さな生き物を心の底から愛し、小さな生き物のことを考えてあげている人々を、筆者は「ナウシカ系」と呼んでいます。

　ナウシカ系は、小さな虫一匹のために心を痛め、虫一匹のためにもからだを張ります。虫といっても、チョウやカブトムシ、カマキリのような人気者ばかりではありません。ゴキブリもスズメバチもドクガもハエもカも……。（変な目で見られることを覚悟で）ゴキブリを罠から救ったことがある、蚊を見逃してしまう、そんな経験をおもちなら、あなたもれっきとしたナウシカ系の可能性があります。

　ナウシカ系の人々にとって、命あるものは本当にわが子なのだといいます。寝不足でふらふらになってまで、除草予定の場所でイモムシの救出にあたる女性がいます。

　もし仮に「一つ理想の教育を挙げよ」といわれれば、筆者なら「ナウシカ系を育てる」ことをまっ先に挙げます。ナウシカ系なら、決して「ゴキブリは嫌うのが当然」という世間の風潮にも流されず、不条理な社会の風習を盲信することもありません。しっかりと自分の頭で考え、勇気と覚悟ある行動をとることができます。

第3章

昆虫って何者だ？！

52 昆虫って何？

からだが頭部、胸部、腹部の3つに分かれていて、胸部に3対（6本）の脚をもっているという特徴をもつ節足動物です。

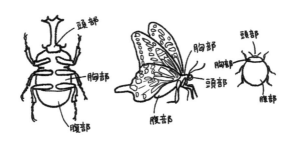

　昆虫はヒトとは違ったベクトルで、地球上で最も繁栄した動物ということができるでしょう。地球には400万種とも1億種ともいわれる生物が暮らしていますが、動物種の75%が昆虫なのです。

　昆虫とはそもそもどんな生き物でしょうか。からだが頭部、胸部、腹部の3つに分かれていること、そして胸部に3対（6本）の脚をもっている※という2大特徴があります。

　さらに頭部に複眼、触角をもち、多くのものが胸部に2対（4枚）の翅をもっています。

　この特徴により、クモやダンゴムシ、ダニなど、昆虫と混同しやすい動物と区別することができます。

※例外として、タテハチョウの仲間は前脚が退化し、4本しか見えません。

虫って何?

え、ボクたちも虫…?

困惑…

ナカマ…?

では「虫」とはなんでしょうか。昆虫のように、生物学的に厳密な定義はありませんが、一般には「獣や魚、鳥、貝などを除いた小さな生き物」のこととされています。ですからヘビやカエル、エビ、カニまで、虫としても間違いではないのです。生物学的な分類では、大雑把ではありますが「無脊椎動物のうち、軟体動物の一部を除いたもの、プラス両生爬虫類」と考えるとよいと思います。

そういえば蛇も蛙も蛸(タコ)も、虫偏の漢字ですね。

昆虫の分類

皆さんの住所はどのように表されるでしょうか。「日本の、東京の、千代田区の、千代田の、1丁目1番地」のような階層構造で表現されていると思います。生物の名前も同じ考え方をします。

「動物界の、節足動物門の、昆虫綱の、チョウ目の、スズメガ科の、コスズメ属の、セスジスズメ(種)」というのが正確な指定方法です。

つまり、界門綱目科属種という階層構造になっているわけです。「昆虫」とは正確には昆虫綱(Insecta)です。

では昆虫を「目」ごとに、発見されている種数を見てみましょう。「目」の段階で、すでに聞き慣れない仲間がけっこうあることに驚くのではないでしょうか。

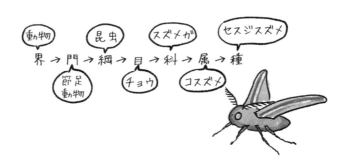

界 → 門 → 綱 → 目 → 科 → 属 → 種

動物　節足動物　昆虫　スズメガ　チョウ　コスズメ　セスジスズメ

無変態……脱皮して大きくなるのみです。		
目	日本	世界
カマアシムシ目（原尾目）	約 60 種	約 700 種
トビムシ目（粘管目）	約 360 種	約 8000 種
コムシ目（双尾目）	約 15 種	約 1000 種
イシノミ目（古顎目）	約 15 種	約 450 種
シミ目（総尾目）	約 14 種	約 370 種

不完全変態……蛹がなく、脱皮のたびにだんだん成虫に近づいていきます。		
目	日本	世界
カゲロウ目（蜉蝣目）	約 150 種	約 3000 種
トンボ目（蜻蛉目）	約 200 種	約 6000 種
カワゲラ目（せき翅目）	約 170 種	約 2000 種
ハサミムシ目（革翅目）	約 20 種	約 2000 種
ジュズヒゲムシ目（絶翅目）	未発見	約 30 種
シロアリモドキ目（紡脚目）	約 3 種	約 400 種
ナナフシ目（竹節虫目）	約 20 種	約 3000 種
バッタ目（直翅目）	約 370 種	約 22000 種
ガロアムシ目	約 6 種	約 30 種

目	日本	世界
カカトアルキ目	未発見	約 20 種
ゴキブリ目	約 50 種	約 4000 種
シロアリ目（等翅目）	約 20 種	約 2600 種
※シロアリ目は、ゴキブリ目に入れようという考えが進んでいます		
カマキリ目	約 10 種	約 2300 種
カジリムシ目（咀顎目）	約 260 種	約 16000 種
※カジリムシ目＝チャタテムシ類＋シラミ類		
アザミウマ目（総翅目）	約 200 種	約 6000 種
カメムシ目（半翅目）	約 3000 種	約 100000 種
※カメムシ目にはセミも含みます		

完全変態……蛹を経て成虫になります。幼虫と成虫で形が大きく変わることが特徴です。

目	日本	世界
ハチ目（膜翅目）	約 4600 種	約 150000 種
※アリも含みます		
ラクダムシ目	約 2 種	約 220 種
ヘビトンボ目（広翅目）	約 20 種	約 300 種
アミメカゲロウ目（脈翅目）	約 140 種	約 6500 種
コウチュウ目（甲虫目）	約 11000 種	約 350000 種
※カブトムシ、クワガタ、コガネムシなどはココです		
ネジレバネ目（撚翅目）	約 40 種	約 600 種
シリアゲムシ目（長翅目）	約 45 種	約 550 種
ノミ目（隠翅目）	約 70 種	約 2600 種
ハエ目（双翅目）	約 5300 種	約 150000 種
チョウ目（鱗翅目）	約 6000 種	約 160000 種
※もちろんがもココです		
トビケラ目（毛翅目）	約 340 種	約 13000 種

53 昆虫って何種類いるの？

> はっきりと名前がついている昆虫が世界で100万種類くらい、その他名前が
> ついていなかったり新種であったりする昆虫もいるので、一説には1億種に
> 達するのではないかといわれます。

　鳥に詳しい人であれば、世界中の鳥類種すべてを把握しているかも
しれません。しかしどんなに昆虫に詳しい人でも、すべての昆虫種を
把握することは人間技では不可能でしょう。昆虫はいったい地球上に
何種類くらいいるのでしょうか。

　まず結論をはっきり申し上げますと、「よくわかっていない」とい
うのが解答です。

　昆虫、そして虫はすさまじく種類が多いのです。はっきりと名前が
ついているのが世界で100万種類くらい。その他は名前がきちんと
ついていなかったり、まだきちんとした研究がされていなかったりし
ます。ですから、昆虫は1億種類くらいいるのではないかと考える研
究者もいます。とにもかくにも舌を巻くような種類の多さだというこ
とは確かです。

　地球の動物種のうち、75％くらいが昆虫ですが、個体数でも昆虫
は100京に達し、うちアリが1京匹を占めるとする説もあります。

　しかし驚くのはまだ早い！　赤道直下の熱帯多雨林のことは、ま
だ1％くらいしかわかっていないのではないかとも考えられています。
つまり、まだまだ新種がうじゃうじゃいるということです。おそらく
熱帯多雨林に飛んでいる昆虫を適当に捕まえても、種名がわかること
のほうが稀でしょう。

　新種を見つけると、自分の名前をつけることがあります。カワカミシロチョウとかイワサキクサゼミとかナミエシロチョウなど、日本人の名前が入った昆虫もたくさんいます。歴史に名前を残せるのです。

　反対に変な名前をつけると未来永劫、ネタにされてしまうかもしれません。たとえばセイタカアワダチソウヒゲナガアブラムシという名前をつけた人は、「こんなに長い名前をつけるなよ」とよくいわれるそうですが、「これ以上シンプルな名前があるか。セイタカアワダチソウにいるヒゲナガアブラムシなんだから」と反論しているという裏話を聞いたことがあります。

　熱帯多雨林は新種だらけという話を聞いて、「よし、いっちょこの世に名前を残すか」と思った方もいるかもしれません。確かに熱帯多雨林には新種がうじゃうじゃいることは間違いありませんが、それが新種だということを証明しなければなりません。これまで発見された種のどれとも異なるということを……。そのためには昆虫のことを相当勉強しなければならないのです。

54 昆虫に近い仲間

昆虫が属している節足動物には、他にクモ類、多足類、甲殻類がいます。

　昆虫は節足動物門に属します。クモ、ダンゴムシ、ムカデなど昆虫と間違えられやすい動物の多くも、同じく節足動物の中に入っています。

　まずはしばしば昆虫と混同されがちなクモ類（クモ綱）を見てみましょう。

　クモ綱は頭胸部と腹部の2つにからだが分かれ、頭胸部から4対（8本）の脚が出ています。触角の代わりに触肢、8つの単眼をもちます。クモをはじめ、サソリやダニ、ザトウムシの仲間です。昆虫に次いで栄えている節足動物グループということができると思います。

　昆虫同様、目レベルで列挙しますが、後半に挙げた名称はあまり聞いたことがないかもしれません。まだ謎が多く残っている生き物です。

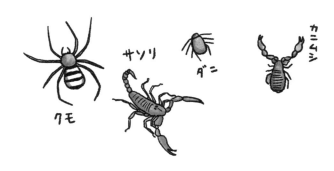

クモ綱（蛛形綱）	クモ目
	ダニ目
	カニムシ目
	ザトウムシ目
	サソリ目
	ウデムシ目
	サソリモドキ目
	ヒヨケムシ目
	ヤイトムシ目
	クツコムシ目（口籠虫目）：日本では未発見。
	コヨリムシ目

　さらに、ムカデやゲジ、ヤスデの仲間（多足類）は、以下のように仲間分けされています。ムカデは有毒で噛みつかれると痛いですが、ヤスデは原則噛みつきません。それぞれの節から脚が1対出ているのがムカデ、2対出ているのがヤスデです。

多足類（多足亜門）	ヤスデ綱（倍脚綱）
	ムカデ綱（唇脚綱）
	エダヒゲムシ綱（少脚綱）
	コムカデ綱（結合綱）

甲殻類（甲殻亜門）

　エビやカニ、ダンゴムシ、ミジンコなどを含むのが甲殻類です。甲殻類はなぜか、ヒトにとって美味なものが多いようです。大きなグループで分類が複雑なので、ここでは一覧は挙げません。節足動物のうち、昆虫、クモ類、多足類を除いたものと考えてよいと思います。

　昆虫図鑑には、おまけとして以上の節足動物の仲間も載っていることがあります。

55 昆虫の変態

生物が形態を大きく変えることを変態といいます。昆虫では、蛹を経て大きな変態をしますが、蛹には謎がたくさん！蛹を経ても記憶が維持されるとする説もあります。

　生物が成長するなかで形を大きく変えることを変態といいます。オタマジャクシからカエルになることは、代表的な変態の例です。

　昆虫では、蛹を経て幼虫と大きく異なる姿になる完全変態（チョウ、カブトムシなど）、蛹を経ずにだんだんと成虫の姿に近づく不完全変態（バッタ、カマキリなど）、ほとんど姿を変えずに大きくなる無変態（シミ、トビムシなど）の3つに分けることができます。一般には、完全変態の昆虫が最も進化していると考えられています。

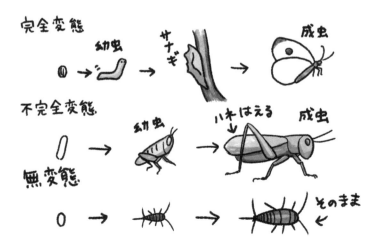

蛹のなかで何が起こっているか

蛹というのは不思議なシステムです。蛹のなかではいったい何が起こっているのでしょうか?　素朴ですが、非常に難しい質問です。

ごく簡単にいってしまえば、からだがどろどろに融かされるようにしながら、部品が作り変えられていくのです。たとえばイモムシでは、成虫の翅の元になる部品は体内にできていますが、その翅をしかるべき場所へと組み立てるのです。

ところで、幼虫のときの記憶が、蛹を経由して成虫になっても維持されるという研究があります。このあたりのメカニズムが明らかになれば、記憶（神経細胞）への理解が進み、アルツハイマー病や筋萎縮性側索硬化症（ALS）など、神経細胞が侵される難病の治療の手がかりになるかもしれません。

56　昆虫のからだ（排泄や呼吸、運動）

> 昆虫のからだは、私たち哺乳類とは大きく異なっています。昆虫ではフンと尿の違いがはっきりしません。

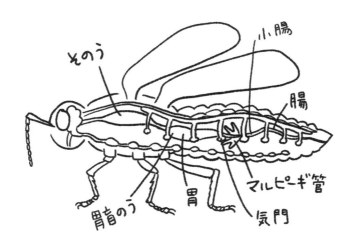

　昆虫のからだを観察してみましょう。

　昆虫に鼻はありません。ではどこで呼吸を行っているのでしょうか。

　からだの側面のところどころに、気門という小さな穴があります。昆虫はここで呼吸を行っているのです。気門は体内の気管へと続き、酸素をからだの隅々まで送ります。ゴキブリに洗剤をかけると死ぬの

は、気門を塞いでしまうからです。p.58 で紹介したアワフキムシの巣に、他の昆虫が侵入できないのも同様です。

　では消化器系はどうなっているのでしょうか。昆虫が食べたものは、胸にある唾腺から出る唾液と混ぜられ、食道を通ってそのう・・・に入っていきます。それから前胃を経由して中腸へと運ばれます。中腸で消化・吸収が行われ、吸収された栄養は血液と混じり、心臓から全身へと運ばれるのです。中腸の手前には胃盲のうという細菌のすむ袋があり、ヒトと同様、この腸内細菌によって健康が維持されるのです。

　その後、小腸から直腸を経由して、フンとして排出されます。小腸や直腸では消化はほとんど行わず、水分の吸収が行われます。

　フン以外の不要物（尿）はマルピーギ管に集められ、フンと一緒に外部に捨てられます。そう、昆虫はフンと尿の区別がはっきりしません。液体しか食べないチョウやセミは尿しかしないように感じますし、イモムシやカマキリのように固体を食べる昆虫はフンしかしないように人間には感じられます。

　またヒトの血液では、鉄を含むたんぱく質であるヘモグロビンを含むので赤色です。しかし昆虫では血液の代わりに血リンパをもっていたり、銅を含むヘモシアニンを使っていたりするので、一般に赤くはありません。

　昆虫の胸部は箱のようになっていて、筋肉がたくさん詰まっています。どの昆虫を見てもマッチョです。このため、翅や脚を活発に動かすことができます。

57 自然免疫がすごい

昆虫が、お世辞にも衛生的とはいえない環境で暮らしていても病気にならないのは、強烈な自然免疫のおかげです。

免疫とは、字の通り疫（病気）を免れる仕組みです。免疫機能がないと、生物のからだはあっという間に細菌、ウイルス、菌類、寄生虫などのパラダイスになってしまいます。

ヒトの場合、自然免疫と獲得免疫（適応免疫）があります。

自然免疫とは白血球（マクロファージ、樹状細胞、好中球など）が体内に侵入した細菌、ウイルス、菌類、寄生虫などの異物を捕らえて消化してしまう「食作用」をはじめ、咳やクシャミ、唾液や鼻水、涙、尿などの粘液による洗浄、固い皮膚による物理的防御などが含まれます。これらの自然免疫は「非特異的」に働くのが特徴です。異物とみなせばなんでも除去しようとします。

それに対して、T細胞やB細胞による獲得免疫があります。T細胞やB細胞は「特異的」に働きます。つまり役割分担が明確で、T細胞1はインフルエンザウイルス専門、T細胞2はコロナウイルス専門、T細胞3はノロウイルス専門……というように、高度なスペシャリストが無数に存在することで、強烈な免疫作用を発揮します。さらに一度働いたT細胞、B細胞は相手のことをしっかりと覚え（免疫記憶）、いざ同じ病原体が再度侵入してこようものなら、より早く強烈に病原体を除去することができるのです。

この免疫記憶を利用したのが予防接種です。弱毒化した病原体（ワクチン）を接種することで免疫記憶を作るのです。「子どもの頃は風邪をひくのも仕事だ」などというのも、いろいろなものに感染して免

疫記憶を作ることを目指してのことでしょう。

　さて、昆虫も自然免疫をもちますが、獲得免疫はもっていません。しかしその自然免疫がすごいのです。

　まずヒトでいう皮膚に該当する外骨格が高い抗菌作用をもっています。外表皮は4層になっていて雑菌や化学物質、酸などを強烈にブロックします。

　さらにヒトでいう白血球に当たるものもすごい！ヒトのように異物を見つけては消化してしまう原白血球やプラズマ細胞、脱皮のときに増えるエノシトイド、プラズマ細胞とタッグを組む顆粒細胞、チョウやカブトムシに見られる小球細胞などが勢揃い。これらが抗生物質すら効かないMRSAや腸球菌すら倒してしまうのです。

　昆虫のなかには、下水管や動物のフンの中などお世辞にも衛生的とはいえない環境で暮らすものもいます。彼らが病気にならないのは強烈な自然免疫のためです。

　製薬会社が次々と殺虫剤を開発しても、耐性があって効かないことがあるのも自然免疫のなすわざです。

　昆虫の自然免疫をもとに、悪性の耐久菌に効く薬剤が開発できないか、研究が進められています。

58 昆虫の習性

昆虫は、我々が考えてきたよりは、はるかに高等な生物であることは間違いありません。

　昆虫は「下等」な生物と考えられ、残念ながら動物愛護法の対象外です。しかし我々が思っているよりは、はるかに高等な生物であることは間違いないようです。

　まず昆虫も知能行動をします。インターネットを見ていると、「ゴキブリが慣れた」という体験談を見かけることがありますが、寿命の長いゴキブリであればかなりの学習・記憶をすることでしょう。昆虫では、脳内のキノコ体と呼ばれる部分が記憶・学習を統率しています。

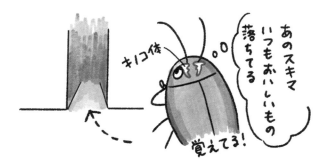

キノコ体

あのスキマいつもおいしいもの落ちてる

覚えてる！

　また、壁や枝を歩いているのを見ると、ほとんどが上に向かって歩いていることに気づかないでしょうか。そう、これは多くの昆虫の本能です。このために、孵化したイモムシが地面に向かわずに葉の豊富な、植物の上部にたどり着くことができるのです。

　テントウムシは、枝や指の先端に達すると飛ぶ習性もあります。飛ぶ確率などを実験してみると面白い自由研究になるかもしれません。

　夏などに窓を開放するときは、上部にすきまを開けてやると、虫の逃げ場になります。

　また昆虫は走光性という習性をもちます。太陽や月を見ながら飛ぶために、結果的に夜間、電気などに近づいてしまうのです。特に紫外線を多く含む紫外線蛍光灯やブラックライトに多く虫が飛来し、LEDにはほとんど飛来しません。昆虫を集めたいか避けたいか、目的に応じて使い分けるとよいでしょう。

59 社会性昆虫

アリ、ハチ、シロアリなどは極めて複雑な社会を作り、女王は15年以上生きることもあります。他の社会との関係性もとてもユニークです。

　複雑な社会を築く昆虫としては、アリ、ハチ、シロアリなどが挙げられます。p.100で述べたように、アリやハチの社会は、女王、オス、ワーカー（働きバチ、働きアリ）からなります。アリでは種によって詳細は異なり、女王1頭からなる種もいれば、複数の女王がいる種もいます。また巣を一つしかもたない種もいれば、複数セカンドハウスをもつ種もいます。兵隊アリをもつ種もいます。

　シロアリではもう少し複雑です。王や副女王、副王をもつものもいるのです。海外では15年以上生きて数億個もの卵を産むシロアリも生息していて、10m以上のアリ塚を築くことでも有名です。

　他の巣との関係についても、面白いことがわかっています。アリの多くは同じ種でも巣が異なる個体とは敵対関係ですが、スズメバチでは他の巣と合併してしまうことがあります。少しイタズラ心を稼働させると、たくさんのスズメバチの巣を合併させれば、恐ろしいサイズのスズメバチの巣を作れるのではないか、と思うことでしょう。長野県東御市にある「蜂天国」では、こうしてスズメバチの巣を多数合併させて作った「アート作品」が展示されています。

　さらに、アリの中には「農業」や「畜産」を行う種もいます。p.83で紹介したクロシジミの養育、アブラムシやカイガラムシとの共生関係は「畜産」といえますし、中南米に生息するハキリアリは、キノコを栽培することで知られています。

　その他、冬眠時のテントウムシや交尾時のモンシロチョウも集団を作るので、ゆるい社会性昆虫ということもできます。チャドクガの幼虫はツバキやサザンカの葉を食べますが、単独では固い葉を食べることができません。集団で協力し合うことで食べることができるのです。

　このようにゆるい社会を作る昆虫は意外に多くいますが、複雑で結びつきの強い社会を作るのはアリ、ハチ、シロアリくらいでしょう。

60 昆虫の食べ物

> 昆虫の食べ物は実にさまざまで、食べるものに合わせて口が進化しています。
> 中にはゴキブリのようになんでも食べる昆虫や、一部のガの成虫のように何
> も食べないものもいます。

　昆虫の食べ物は実にさまざまです。植物を食べる草食性の昆虫が多いですが、他の昆虫・動物を捕らえて食べる肉食性の昆虫もいます。脊椎動物のフンを食べる食糞性（フンコロガシ、クソコガネ類など）、植物の根や樹液を吸う食根性（セミの幼虫など）、果実を食べる食実性（シギゾウムシなど）などがいます。

　ゴキブリのようになんでも食べる雑食性、アメリカシロヒトリの幼虫のようにいろいろな種類の植物を食べる多食性、アブラナ科の植物しか食べないモンシロチョウの幼虫のような少食性、カイコのようにクワの葉しか食べない単食性、といった分け方もできます。

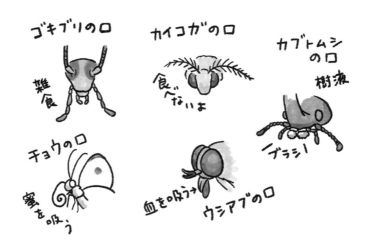

ゴキブリの口　雑食

カイコガの口　食べないよ

カブトムシの口　樹液　ブラシ

チョウの口　蜜を吸う

血を吸う　ウシアブの口

　さらにヤママユガ科の成虫のように、口が退化して何も食べない昆虫もいます。そう、口の形を見るとおおよそ食べるものがわかります。葉を食べるものは噛む口、樹液を舐める口、花の蜜を吸うストローのような口、ウシアブのような刺す口……といった具合です。

　ちなみに、悪食家には金緑色や虹色に輝く美しい昆虫が多いのも興味深いところです。

フンコロガシ

古代エジプトではスカラベとして
崇められた

61 昆虫の一生

昆虫の寿命は1年くらいのものが多いですが、2週間足らずのものもいる一方で、20年くらい生きるものもいます。卵、幼虫、蛹、成虫と変化しますが、蛹を経ない昆虫もいます。

多くの昆虫は、卵からスタートする卵生です。受精卵として一つの細胞からスタートした卵は、細胞分裂を繰り返し、胚が作られていきます。ある時期になると幼虫が孵ります。これを孵化といいます。チョウやガの幼虫は殻を食い破って孵化し、カマキリは卵のうに出口があるので楽に孵化することができます。

幼虫は、ひたすら食べて大きくなります。からだを覆う皮は、伸びることができないので、皮を脱ぐ脱皮を繰り返すのです。生まれたばかりの幼虫を一齢幼虫、一回脱皮すると二齢幼虫、二回脱皮すると三齢幼虫……と呼び、蛹や成虫になる直前の幼虫を特に終齢幼虫といいます。

十分に成長した幼虫はホルモンの影響で蛹になったり、羽化して成虫になったりします。成虫の生きる目的は生殖に特化していて、幼虫の頃のように食事には重みを置かなくなります。

昆虫の寿命は1年くらいのものが多いですが、ショウジョウバエは卵から死まで2週間足らずです。一方で、アリ・シロアリの女王やセミの中には20年くらい生きるものもいます。

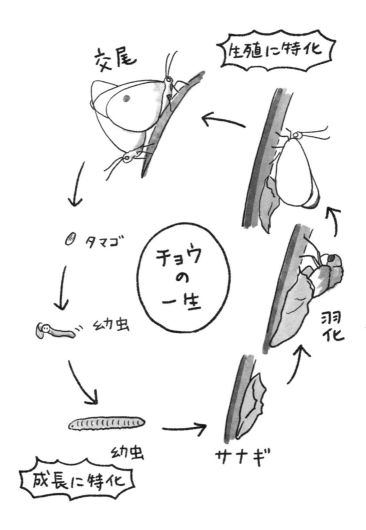

生殖に特化

交尾

タマゴ

チョウの一生

幼虫

幼虫

成長に特化

サナギ

羽化

62 昆虫の分布

> 昆虫は極地、高山、砂漠、洞窟なども含め、世界中に分布していますが、海だけは苦手なようです。

　昆虫は極地、高山、砂漠、洞窟なども含め、世界中に分布しています。赤道直下など暖かく降水量が多い地域ほど、その多様性を増します。一方で、北海道大雪山系の高山帯やアラスカに生息するアサヒヒョウモンなど周極種と呼ばれる種もいます。

　ただ、海だけは苦手のようです。ウミユスリカやウミアメンボなどごく少数の昆虫を除いて、海には昆虫はいません。

　日本列島においては、全国的に降水量には恵まれるため、気温が分布を決めます。たとえばサンカメイガは−3.5℃になると生きられないため、−3.5℃以下にならない地域に分布することになります。オオニジュウヤホシテントウは、年平均気温が14℃以上になると生きられないと考えられており、年平均気温14℃の地域が南限となります。

　このように気候、気温に影響されているものを生態分布、地形など地理的な要因で決まる分布を地理分布と呼びます。

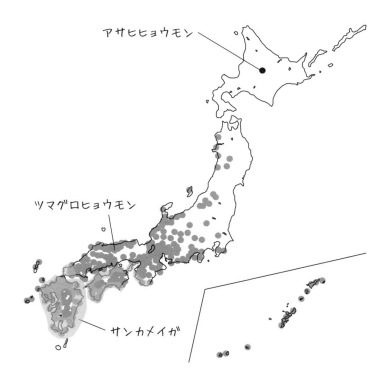

アサヒヒョウモン

ツマグロヒョウモン

サンカメイガ

63 昆虫のすみかや巣

昆虫は種によって好きな環境が異なり、他の種とバッティングしないようにしてうまく棲み分けをしています。

　昆虫は種によって好きな環境が異なります。チョウの中でも明るい草原が好きなモンシロチョウもいれば、暗い藪が好きなクロコノマチョウもいます。よい環境は生活しやすいですが、ライバルも多くいます。一方で、p.158 で紹介したアサヒヒョウモンのように、ライバルの少ないシビアな環境で生活するものもいます。

　生物は、すむ場所や発生時期をずらしてお互いに邪魔しないようにする「棲み分け」をするのです。わかりやすい例ですと、フタスジモンカゲロウは川の上流、モンカゲロウは川の中流、ムスジモンカゲロ

ウは川の下流にすむといった具合です。

　種の多様性を保全するために、いろいろな環境が必要です。明るい林、森林を覆うクズやヤブカラシ（マント群落）、里山、湿原、ボーボーの草むら、真っ暗な森……。

　昆虫などの動物は、自分や子どもを守るために巣を作ることがあります。オトシブミのように葉を丸めてゆりかごにしたもの、ミノガのように枯れ葉を口から出す糸で綴ったもの、泥を集めて壁に巣を作るドロバチなどがいます。ハチやアリ、シロアリはいわずもがなですね。

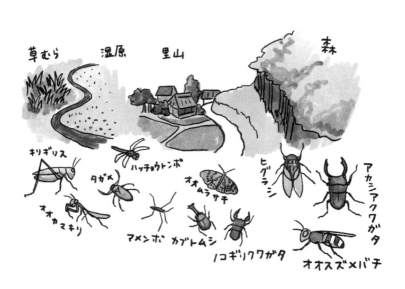

64 フェロモン

> からだの外にごく微量分泌され、仲間とコミュニケーションを取る物質が
> フェロモンです。

　フェロモンとは何でしょうか。まずは似ている言葉、ホルモンについて考えてみましょう。ホルモンは体内にごく少量分泌され、血糖値を上げたり心拍数を抑えたりといろいろな生理作用を引き起こします。脱皮や変態を促すのもホルモンの働きです。

　これに対して、からだの外に分泌されて仲間とコミュニケーションを取るのがフェロモンです。たとえば、チョウやガの鱗粉から出る匂いは、異性を呼ぶ性フェロモンとして作用します。部屋の中に1頭ガが入ってきたら、どんどんガが入ってきてガだらけになってしまう、というケースがこれです。

　ゴキブリのフンは、集合フェロモンとして働きます。フンの匂いで、仲間がたくさん集まってくるのです。ゴキブリはたくさん集まって生

活すると成長が早くなります。この成長を促すのもフェロモンの恩恵
といわれています。

　女王バチは、自分だけのオリジナルフェロモンを分泌します。この
フェロモンのおかげで巣は統制が保たれます。女王が死んでしまうと
フェロモンが消えてしまいますが、そうなると急いで新たな女王を誕
生させるのです。

　アリは、歩きながら道しるべフェロモンを残します。このフェロモ
ンのために、アリは行列を作り、また迷わずに巣に帰ってくることが
できるのです。

　アリやハチは、危険が迫ったときに警戒フェロモンを分泌して、仲
間に攻撃を促します。p.106 で、スズメバチの巣に香水をつけて近づ
くのは極めて危険といいましたが、香水の匂いがしばしば警戒フェロ
モンと混同されるためです。

差別の是非

　「多様性」が世界のスローガンのようになって久しいですが、あらゆる差別やそれに類するものにも徹底的にメスが入っていっています。

　そんな中でも、なかなか差別として認識されにくいものに「種差別」があります。クジラは捕食してはいけないのになぜウシはよいのか？ヒトは殺してはいけないのになぜ昆虫はよいのか？　こうした価値観の齟齬は、ときに国際問題にまで発展することすらあります。

　人間＝ヒト（ホモ・サピエンス）を特別視する文化は、ほぼ世界中にあります。ほぼすべての国で殺人は犯罪であり、国際的にも人権を認めるべきだとされます。これはとてもよいことだと思いますが、人間だけを特別視してよいのでしょうか。人間が人間中心主義を唱えると、自己中心的で下品に感じられないでしょうか。人間が作った知能テストで、人間が一番ハイスコアを取れるのは当然で、最も知能が高いと断定するには些か説得力に欠ける気がします。

　筆者もこれまでは人間中心主義ってなんか嫌だなあ、と主観的な嫌悪感しかもっていなかったのですが、人間中心主義を続けると本格的にまずいと具体的に感じるようになりました。

　たとえば、ジャングルの奥地など、何千年も文明と関わらずに過ごしてきた民族は、遺伝子が独特な進化を遂げて、ホモ・サピエンスとは生殖が不可能になっている可能性があります。そうなるとその民族は「別の種」とされ、人間（ヒト）＝ホモ・サピエンスではないことになります。こうした民族には人権を認めなくてよいのでしょうか？

　このあたりのことも考えて、人間は人間中心主義から卒業しなければいけない時期に差し掛かっていると思います。

第 4 章

人間と昆虫

65 益虫と害虫

> 人間の役に立つ昆虫を益虫、マイナスになるものを害虫と呼びます。種によっては、益虫にもなり害虫にもなるということもあります。

　人間と昆虫の関係は切っても切り離すことはできません。歴史において、多くの昆虫が人間の役に立ってきました。このような昆虫を益虫といいます。家畜化されたカイコやミツバチは代表的ですし、カイコに近縁のヤママユ、サクサンなども糸を出すことから益虫といってよいでしょう。

　また蜜を集めたり、植物の受粉を助けたりするハチやアブ、鳴き声を楽しむスズムシやコオロギ、日本では愛玩動物としての要素が強いクワガタやカブトムシも益虫に入ります。さらに植物に害を与えるアブラムシやカイガラムシを捕食するテントウムシ、クサカゲロウの幼虫、寄生バエ、寄生バチも益虫です。

　一方で人間の生活にマイナスになるものを害虫と呼びます。草食昆虫はしばしば農業や林業、園芸における害虫となってしまいます。肉食昆虫でもタガメやゲンゴロウ、タイコウチなどは養殖されている金魚をはじめとした魚類を捕食するので害虫となります。細菌や病原体を媒介する可能性があるカやハエは衛生害虫、特に何もしなくても見た目が悪いというだけで、ヤスデやゴキブリ、毛虫などは不快害虫と呼ばれてしまいます。その他、有毒でヒトを負傷させる可能性があるドクガ、ハネカクシ、ムカデなども害虫といえます。

　面白いことに、益虫でもあり害虫でもある昆虫もいます。イナゴは

イネを食い荒らす面を見れば農業害虫ですが、佃煮にして食べると美味しい面を見ると益虫ともいえます。スズメバチは刺されると危険という点では害虫ですが、農業害虫をたくさん狩ってくれるという点を見ると益虫になります。カも吸血し、病気を媒介するかもしれないところでは害虫ですが、幼虫のボウフラが、水の浄化に大きく貢献するところを見ると益虫ともいえます。

害虫とはいっても、悪気があって人間に意地悪をしてくる昆虫は一種もいません。必死で生きている過程で、人間と利害関係がバッティングしてしまうのです。「害虫がいても容認する」が最善の解決策であるシチュエーションも少なくありません。上手な共存の道を探していくべきでしょう。

66 虫好き文化と蟲愛づる日本

> 小さな虫を愛で、たとえ害虫でもなるべく殺さないようにしようという文化こそ、世界に誇れる日本文化ではないでしょうか。

　日本では、子どもの頃、虫を追いかけたり捕まえたりした経験がある方がほとんどではないでしょうか。スーパーやコンビニで虫取り網が売られるほど、昆虫採集がメジャーな遊びであるのは、おそらく日本と中国くらいです。

虫が好き

　平安時代後期以降に成立した堤中納言物語に、藤原宗輔の娘をモデルにしたとされる『蟲愛づる姫君』という話があります。虫を愛でる女性も大昔から存在し、文学の題材になるほどだったのですね。
　東南アジアでは食料として、欧米ではただの邪魔な存在として扱われがちな虫・昆虫。日本では遊び相手、愛でる対象としてあり続けてきたのです。
　虫はかつて「下等な生物」と考えられていました。しかし、本書で繰り返し述べてきたように、意外に表情が豊かで、ひょっとしたら私たち（ヒト）と似たレベルの意識をもつのではないかということもわかってきています。虫にも痛覚があることがわかってきたうえ、虫の

世界にも「同性愛」すら存在するのです。

　そうすると、我々人間が虫に対してしてきた仕打ちは、なんと罪深いことでしょう。しかし虫は恨んだり怒ったりすることなく、「ま、しょうがないっしょ」とつぶやくくらいだと思います。昆虫は全般的にさっぱりしていて、執念深くないのです。ネコやヘビ、キツネの霊が出てくる怪談はたくさんありますが、虫の霊があまり出てこないのもこういった背景があるのでしょう。

　世界でも特異な日本文化ですが、虫を愛で、たとえ害虫でもなるべく殺さないようにしようという文化こそ、世界に誇れると思います。殺虫剤メーカーは毎年、実験などで犠牲になったハエやカの慰霊祭を行うそうです。虫にも魂を感じるところは、まさに日本的といえましょう。

67 昆虫食

日本人には抵抗がある昆虫食。それでも毛嫌いせずに昆虫食にもう少し踏み込んでいきたいものですね。

　p.168で日本人は虫を愛でてきたとお話ししましたが、食用としてはどうも抵抗があるようです。日本人は欧米人などから「なんでも食べる」と思われている節があります。筆者がオーストラリアに行ったときには「ユーカリは有毒だから食べないでね。日本人、なんでも食べるからねえ」と注意されました。納豆もくさやも生のタコもマツタケも食べてしまう日本人は、やはり『Dr. スランプ　アラレちゃん』に出てくる「ガッちゃん」的に見られているのでしょう。

　そんな日本人が昆虫食に抵抗があるのは、少し意外な気がします。昆虫は東南アジアでは高級料理です。日本でもエビやカニは食べるのに……。

　そんな日本でも、比較的メジャーなのはイナゴの佃煮でしょう。今もお土産屋さんでもしばしば売られています。脚が固くて引っ掛かる感じがしますが、むしろそこがミソだと筆者は思います。

　筆者はスズメバチ、タガメ、ミルワーム（ペット用の生き餌として飼育されている幼虫）、コオロギなどを食べたことがあります。どれも非常に美味でした。毎年多くのスズメバチが駆除されますが、駆除するくらいなら食べればよいのにと思います。スズメバチの幼虫、成虫とも、ご飯にまぶすと最高です。

他の虫は、食べると以下のような味がするといいます。

虫	味
オビカレハの幼虫 （サクラケムシ）	エビに似た食感、サクラの若葉の香りがする。
カミキリムシの幼虫	とろりとしてほのかに甘い味。
クモ	チョコレートのような味。
ハエの幼虫	イヌイットにとっては最高のご馳走という。ハチの子に似た味。

　なお、昆虫からヒトへと病気が感染するリスクは小さいですが、どんな寄生虫がいるかわからないので、食べるときには必ず火・熱を通すようにしましょう。また、甲殻類アレルギーの方の昆虫食には注意が必要です。

　昆虫の本体以外にも、セミの抜け殻なども食用や薬用として用いられます。セミの抜け殻を使った料理なんて、ドラえもんの「ジャイアンシチュー」くらいだと思っていたのですが、れっきとした漢方薬としても使われているのです。
　食糧難を乗り切るための食料、災害時などの非常食としても、昆虫食にもう少し踏み込んでいきたいものです。

68 在来種と外来種

人間の活動によってもち込まれた生物を外来生物と呼びます。外来生物は、生態系や人間の生活に大きな影響を与える可能性があります。

外来種とは、人間の活動によってもち込まれた、もともとその地域に生息していなかった生物のことです。とはいっても、熱帯多雨林に生息する生き物の多くは、日本の冬に耐えられないので、外来種として定着することはありません。北米など日本に近い気候の地域由来の生物では、日本にも適応性が高く、しばしば定着してしまいます。外来種が定着してしまうと、どんな問題が起こるのでしょうか。

まず、もともとその場所にいる在来種と、食べ物やすみかをめぐって競争が起きます。その結果、在来種が追い詰められ激減してしまうことがあるのです。

また在来種には天敵がいますが、外来種には「その生き物だけを」あるいは「その生き物を好んで積極的に」捕食する天敵がいません。その結果、生息数が急激に増加することになります。増加した外来生物が田畑を荒らしたり、養殖魚を捕食したりして害を与えることになります。

アメリカザリガニ
条件付特定外来生物
強い生命力

さらに在来種との雑種を作るという問題もあります。たとえば、外来クワガタと日本産クワガタの間に中間雑種が生まれ、その中間雑種には生殖能力がなかったらどうでしょう。在来種が絶滅の危機

に瀕することになってしまいます。

　外来種のうち、特に影響が大きいものは特定外来生物に指定されています。アライグマやカミツキガメが有名ですが、昆虫ではアカボシゴマダラ、クビアカツヤカミキリ、アルゼンチンアリ、ヒアリなどが該当します。

　特定外来生物は、無許可での輸入・譲渡・飼育・生きたままでの運搬が禁止されています。もし捕まえてしまったら、その場ですぐ放す（キャッチアンドリリース）か安楽死させるくらいしか選択肢がありません。

　また、人気があって注目されやすい生物は、地域の環境保護を促進する「シンボル」としてよく利用されます。昆虫では、ホタルやオオムラサキ、オオクワガタ、カブトムシなどで、シンボル種と呼ばれます。

　昆虫をきっかけに地域が盛り上がるのは大変嬉しいことです。たとえば山梨県北杜市にはオオムラサキセンターがあり、観光客を呼び込むことに成功している例といえるでしょう。

　ただ、シンボル種を増やそうとするとき、むやみな放虫には慎重になる必要があります。特に「国内外来種」を含めた外来種を放すのは控えるべきです。

　今や特定外来生物に指定されてしまったアカボシゴマダラも、「きれいなチョウを増やしたい」という「善意」から放蝶されたのが原因とされています。

　その地域に生息する昆虫種であっても、地域によって遺伝子が異なっていたり、とんでもない病気や寄生虫をもっていたりして、伝染させてしまうリスクもあります。

　「ないものねだり」をせず、在来種の魅力を見出して広報に利用していくようにしたいですね。

69 生態系サービスと昆虫ツーリズム

生物多様性を基盤とする生態系から得られる恵みのことを「生態系サービス」と呼び、私たちはいろいろな恩恵を受けています。

　生物多様性を基盤とする生態系から得られる恵みのことを「生態系サービス」と呼びます。生態系サービスは、国連の主導で行われた「ミレニアム生態系評価（MA）」により大きく４つに分けられています。

　１つ目は供給サービスです。魚や肉、キノコなどの食料、木材や肥料、薬物、染料などが挙げられます

　２つ目は調整サービスです。森林による寒暖の緩和・防風、昆虫が花粉を運ぶなどの生態学的コントロール、水質浄化、自然災害を起こりにくくすることなどがあります。

　３つ目は基盤サービスです。植物の光合成、昆虫や微生物による土壌の生成、水や物質の循環などがあります。

　４つ目は文化的サービスです。科学や教育の場として、レクリエーションや観光として、文化や芸術の題材として、体験の場として、生態系を活用するものです。

　最近特に注目されているのが、文化的サービスです。昆虫の鳴き声を鑑賞したり、昆虫を観察したり、昆虫を探したり……昆虫を活用した環境教育のプログラムが各地で生み出されています。

　昆虫は「神教材」ですから、子どもはもちろん、大人にも多くの学びを与えてくれます。

　・生活能力が低いからと奴隷狩りをして生きているサムライアリは悪か？

　・子どもがゴキブリを飼いたいといったらどう対応するか？

　・わが家は昆虫大好きで、昆虫を呼ぶ庭を造っているが、お隣さんが大の虫嫌い。こんなときどうする？

　こういったテーマで議論やディベートをするのも面白いでしょう。

70 昆虫に関わる仕事

> 実にいろいろな可能性が考えられます。憧れの人を見つけたり人脈を広げたり、求人情報には常に目を光らせておきましょう。

　昆虫が大好きで、昆虫に関わる仕事がしたい、そんな人にはどんな職業・進路が考えられるでしょうか。まずは昆虫園の飼育係です。昆虫園が募集することもありますし、NPO法人や会社が業務委託を受けていることもあります。狭き門なので、人脈を広げ、募集情報に目を光らせておきましょう。

　それから養蜂家が挙げられます。ミツバチをたくさん飼いながら生活の糧を得るという、虫好きとしては夢のような生活です。一般の畜産業と違って、生体を出荷したり殺したりするシーンがないのは特に魅力的です。一方、こういった意味で養蚕は、虫好きには辛い場面もあります。

　さらに、自然や生き物について解説したり、楽しいプログラムを考えていろいろな人に体験してもらったりする仕事があります。環境教育とかインタープリターなどと呼ばれる職種です。環境教育に特化したNPO法人や会社があり、しばしば求人情報が出ます。

　これらの方面を希望する学生の方々は、国公立大学や日本大学の該当学部、東京農業大学や麻布大学、東邦大学、玉川大学、日本獣医生命科学大学など、生物に強い大学・専門学校などへ進学すると就職にも有利になるでしょう。関連資格として、幼小中高の教員免許、生物分類技能検定（2級以上を狙おう）、ビオトープ管理士、学芸員、樹木医、森林インストラクターなどがあります。

　それから環境省への就職があります。国家公務員試験の技術職に合格する必要があり、採用されるとレンジャーと呼ばれる国立公園の管理の仕事を任されることがあります。ただ全国規模での転勤の覚悟が必要です。

　理科の教員免許があれば、生物の教員として、昆虫と接しながら研究・教育活動を行うことができます。もちろん大学院博士課程に進んで、昆虫学者を目指すルートもあります。

　さらにもっともっと思考を広げていくと、オオクワガタなどのブリーダー、昆虫フォトグラファー（海野和男さんや栗林慧さんなどが有名）、昆虫フィギュア作家（蛾売りおじさんなど）、昆虫画家（熊田千佳慕さんなど）、昆虫系 YouYuber……今後無限に仕事の幅は広がっていくことでしょう。

　それから、昆虫を「愛でる」人にはお勧めできませんが、「昆虫が怖くない、冷静に観察できる」というケースでは害虫駆除の仕事もあります。害虫駆除に携わる人も、もともとは虫好きだった人が多いそうです。

71 昆虫と動物倫理

> 「昆虫の権利」「動物の権利」はどこまで認められるべきでしょうか。皆さまはどう思いますか。

　日本は残念ながら、動物福祉、動物倫理はあまり進んでいるとはいえません。動物愛護法での愛護対象に昆虫も魚類も入っていません。残虐な動物虐待が、器物損壊罪という軽微な罪にしかならない現実もあります。「一寸の虫にも五分の魂」という言葉がよく使われ、害虫もなるべく殺さないようにしようとする思想をもつ国民性としては意外な気がします。

　動物福祉の先進国は、オーストラリアやニュージーランドです。食用の魚類やロブスターを捌くときにも、なるべく苦痛を与えないことが義務づけられ、違反すると数百万円相当の罰金が科せられるという徹底っぷりです。

　オーストラリアでは、金魚の脳腫瘍手術に成功するまでに至っています。現代日本だと「そんな余裕があるならヒトの医療を」などといわれかねませんね。

　せっかく感性豊かで、虫の鳴き声にも美を感じる国民性なのですから、昆虫をもっと大切にすることを社会全体で考えていくべきでしょう。もちろん生類憐みの令を再び、などとはいいませんが……。

昆虫が描かれた音楽（ビバルディの四季）

　アントニオ・ルーチョ・ビバルディの「四季」という曲は有名ですね。「春」「夏」「秋」「冬」の４曲（それぞれ３楽章）からなります。入学式や卒業式でおなじみなのが「春」です。

　この曲の面白いところは、４曲のうち一番暗いのが「夏」であるということです。ト短調の陰鬱で異様な緊張感を醸し出すメロディーを聞いて、ほとんどの日本人は「これが夏？」と思うのではないでしょうか。

　筆者のもっているカセットテープ（懐かしい物体！）の説明書には、「うだるような暑さに人も動物もぐったり」「迫りくる嵐を恐れて涙を流している」、そんなシーンがなんとも不気味に描かれていると書かれていました。

　続いて第二楽章では、「ハエやブユがブンブン羽音を立てながらまとわりつく場面」「遠くから雷鳴が迫ってくる場面」が描かれます。

　ハエやブユを扱った音楽は珍しく、説明書の筆者は他の例を知らないと述べています。ヴァイオリンの音色が実に美しく生かされているので、ご存知でない方はぜひ一度聞いてみてはいかがでしょうか。

　最後の第三楽章では、「嗚呼、嵐がとうとう現実となってしまった。ヒョウや暴風雨が農作物をメチャクチャにしてゆく」、そんな劇的な旋律が荒れ狂うのです。夏の中では、この第三楽章が最も有名でしょう。

　音楽や絵画、小説などにも、意外な生き物や地域性が表現されていることがあり、そんなところに意識して鑑賞しても楽しいのではないでしょうか。

72 バタフライ（モス）ガーデンをつくろう

> お家の庭に、いろんな草木を植えて、バタフライガーデンを作りましょう。

バタフライガーデンとは、その名の通り、チョウを呼ぶ庭です。それほど広くなくとも、自然豊かな庭ではいつもチョウが舞っていて楽園のような雰囲気を醸し出しているものです。ぜひともそんな庭づくりを目指してみてはいかがでしょうか。

　チョウは食草となる植物があると、産卵や交尾のために集まってきます。身近なチョウの食草を用意してみよう、というコンセプトで考えてみます。

　ここでは、全国的かつ比較的普通に見られるチョウをターゲットにしています。あなたがお住まいの地域に特有のチョウがいたら、そのチョウの食草も用意するとよいでしょう（沖縄であれば、オオゴマダラ＝ホウタイカガミ、など）。また憧れの種がいれば、その種が来てくれることを期待して植えてみるのもよいかもしれません。

　大きな樹木から小さな雑草まであるので、地面に植えても鉢植えでもよいと思います。ただたくさんのイモムシ・毛虫が齧っても枯れないことを目指すとなると、その植物を大きく繁茂させる必要があるため、スペースが許せば地植えのほうがいいでしょう。

　「バタフライ」と謳ってはいますが、本書で述べた通り、チョウもガも生物学的な違いはありあません。ガを呼ぶ植物も取り上げています。

　もしチョウ、ガ以外の昆虫も来てくれたら、さらなるラッキーです。

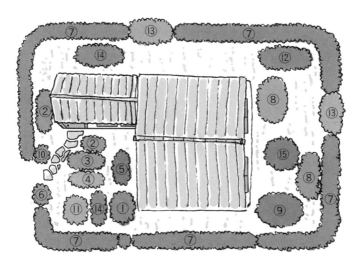

植物	集まるチョウ、ガ
①アブラナ科	モンシロチョウ、スジグロシロチョウ
②カタバミ	ヤマトシジミ
③シロツメクサ、アカツメクサ	モンキチョウ
④イネ科	セセリチョウ科
⑤カラムシ	フクラスズメ、アカタテハ、ラミーカミキリ
⑥ユリ	ルリタテハ
⑦クチナシ	オオスカシバ
⑧ヤブカラシ	スズメガ科
※ヤブカラシは繁殖力がすごいので、鉢植えがお勧め。 　地植えだとご近所トラブルになる例すらある	
⑨カナムグラ	キタテハ
⑩アサガオ	エビガラスズメ
⑪ウメ	オオミズアオ、モモスズメ、ウメエダシャクなど
⑫ヘクソカズラ	ホシホウジャク
※悪臭があるので、ちょっと裏手に	
⑬柑橘類	ナミアゲハ、クロアゲハ、ナガサキアゲハ
⑭ギシギシ	ベニシジミ、テントウムシ、アブラムシ
⑮クスノキ	アオスジアゲハ、クスアオシャク
※クスノキは超巨木になるので覚悟が必要	

73 ビオトープをつくろう

> 少し大きめのたらいがあれば、自然な水辺を作ることができます。
> できれば浄水器（ブクブク）をつけてください。

　ビオトープとは、ギリシャ語の「bios＝生命」＋「topos＝場所」からできた言葉です。ビオトープ＝池というイメージが強いですが、生き物の生活場所であれば、砂漠も洞窟も、れっきとしたビオトープといえます。

　今回は、従来のイメージ通りの池を基本としたビオトープを考えてみましょう。大きめのたらい、大きな発泡スチロールの箱、使わなくなった赤ちゃんのお風呂などがあったら、それを池にしてみましょう。運が良いと水を張るだけでアメンボなどがやってきます。

　さらに土や砂利、水草、イネ科植物などを入れて「色」をつけると、いろいろな生き物がやってくることでしょう。筆頭に挙がるのはトンボ類です。

　水中の酸素が不足すると水が腐り、悪臭を放ったり、土がヘドロ化したりしてしまいます。水はあまり深くせず、空気と接する水面を広くし、浄化装置などで「ブクブク」を送ってやるとよいでしょう。流れが速い川ほど水がきれいなのは、飛沫が立ったりして酸素の含有量が多いためです。

　また、カの幼虫ボウフラの発生を抑制するために、メダカなどをい

れるとよいでしょう。メダカに付随して、水底を掃除するドジョウ、コケを食べるタニシなども入れるとベターです。タニシは死亡して腐敗すると一気に水質を悪化させるので、毎日生存確認をするようにしてください。

・メダカ
（ボウフラを食べてくれる）

・くい
（ヤゴなどが羽化）

・イネ科

・タニシ
（コケなどを食べ水を浄化する。死亡して腐敗すると水を汚染するので生死をちょくちょく確認）

・アオミドロ
（自然に発生します）

石や水、ジャリ、流木などを入れる

ドジョウ
（土や砂をかきまぜ）
（O₂を送り掃除する）

・マツモなど
（熱帯魚店などで）
（売ってます。）

期待されるお客さん

トンボ類（ヤゴも）、アメンボ、カゲロウ類、ミズスマシ、ゲンゴロウ類、カエルなど

おわりに　昆虫は「神教材」だ

　子どもたちにとって昆虫と接することは、何よりも大切な経験になると考えています。思いやり、責任感、多様性を認める視点、好奇心、探求心、観察力……人として大事なことの多くを楽しみながら学べてしまうという、恐ろしくハイレベルな「教材」でもあるのです。

　人間よりはるかに小さく弱い存在を保護する経験は、思いやりを養いますし、飼育することで責任感が芽生えます。世話を怠ったために昆虫が無残な姿になってしまった苦い経験は、何よりも雄弁に責任をもつことの大切さを語ることでしょう。

　妙なトラウマを作ってしまわない限り、小さな子どもは昆虫・虫に興味津々です。昆虫学者の矢島稔先生の講義を受講したことがありますが、「大人が虫好きになる義務はないが、子どもの前でキャーとだけは絶対にいわないで」とお話しされていました。それを見た子どもがリアクションをまねるうちに、本当に嫌いになってしまうからです。

　子どもは大人のいうことを聞くのは嫌いですが、まねをするのは大好きです。小さな生き物に優しく接する姿を見せることで、優しく思いやりのある子に育ちます。

　たとえば、子どもがビロウドスズメの幼虫を気味悪がったら「ちょっと触りたくないと思ったでしょう？　イモムシさんの擬態は大成功だね」などと声かけをしてみましょう。スズメガの幼虫などは、驚かせるとしばしば嘔吐してしまいますが（葉っぱしか食べないので緑色の絵具のような物体を吐き出す）、「ごめんね、怖かったんだね。怖くてゲエしちゃったね」と接する背中を子どもに見せてはいかがでしょうか。

以前NHKにて、プロ・ナチュラリスト佐々木洋さんの『虫嫌い克服プロジェクト』が放送されていました。それを参考にし、虫を好きになるプログラムを考えてみたいと思います。

　特に子どもは虫・昆虫に興味津々で、本当にいろいろな生き物を次から次へと連れてきます。「ドクガとモフモフしてしまう」ような危険を回避するためにも、大人もある程度昆虫について勉強する必要が出てきてしまうのです。また昆虫に詳しいと、子どもたちから一目置かれ、株が上がること間違いなしです。なにしろ、キャンプやBBQなどのアウトドアで憂鬱だったことが楽しみに変わるのですから……子どもや家族との団らん、話題作りにももってこいです。

　さて、佐々木さんのレッスンはごく大雑把に、

　1．入れ物に入れた虫をじっくり観察（個性・性格を見極める）
　2．名前をつける（のんびり屋だからノンちゃん、とか）
　3．数日間、生活をともにした後リリース

この流れです。

　虫嫌いだった女性が、最後の3の段階では涙がちょちょぎれ、後日、寂しさのあまり、新たに虫を飼い始めてしまったという逸話があります。子どもが飼っている虫の世話を手伝っていたら情が移って、子ども以上に熱心に世話をするようになってしまうのも、お母さんお父さんあるあるです。

　個人的にもう一つ、強くお勧めしたいのは、

・幼虫から育てること

どんな生物でも、赤ちゃんから大人になるまでのシーンを見ると愛

着が湧くものだからです。特に完全変態のチョウやガがお勧めです。

　接する虫も、抵抗の少ないものから、だんだんレベルアップしてい
くとよいでしょう。テントウムシがしばしば初心者向けとされますが、
バッタやカナブンでもよいと思います。カマキリやトンボは気が荒く、
噛むことがあるので要注意です。

　この本を読んでくださった縁ある読者の方々と野原で森林で、いつ
かお会いできるのを楽しみにしています。

●参考文献
竹中英雄『昆虫びっくり大百科』(小学館 1985年)
森昭彦『身近なムシのびっくり新常識100』
(ソフトバンククリエイティブ 2008年)
朝比奈正二郎など『野外観察図鑑昆虫』(旺文社 1998年)
鈴木知之『ゴキブリだもん―美しきゴキブリの世界』
(幻冬舎コミックス 2005年)
ロミ＆ジャン フェクサス『おなら大全』(作品社 1997年)
矢野亮『昆虫おもしろ図鑑事典』(学研 1988年)
中山周平『昆虫の飼いかた』(小学館 1985年)
長谷川秀祐『働かないアリに意義がある』
(メディアファクトリー新書 2011年)
内藤誼人『"かしこい生き方"はムシたちに学べ』(梧桐書院 2011年)
鶴見済『人格改造マニュアル』(太田出版 1996年)
大野正男『有毒動物のひみつ』(学研 1988年)
金子大輔『世界一まじめなおしっこ研究所：高校の先生が本気で教える!/
自由研究課題・実験事例付き』(保育社 2017年)
金子大輔『胸キュン! 虫図鑑 もふもふ蛾の世界(ときめき×サイエンス)』(ジャムハウス 2019年)
江崎悌三など『原色日本蛾類図鑑』(保育社 1991年)
中山周平、海野和男『日本のチョウ(小学館の学習百科図鑑(39))(小学館 1983年)
谷口尚規、石川球太『冒険手帳』(光文社 2006年)
安田守『イモムシハンドブック①〜③』(文一総合出版 2010年)

著者
金子大輔（かねこ・だいすけ）
東京都江戸川区出身。気象予報士、公認心理師。幼稚園〜高校までの教員免許を持つ。東京学芸大学を卒業後、千葉大学大学院修了。ウェザーニューズでの気象予報業務、千葉県立中央博物館、東京大学大学院特任研究員などを経て現在、桐光学園中学高等学校で理科（主に生物）を教えたり、自然教育研究センターで環境教育の仕事をこなしたりする。生き物好きが高じて南房総に山を購入。

◆著書
・もっと話がおもしろくなる 教養としての気象と天気（WAVE出版）
・気象予報士が楽しく教える！ 雲と天気のよくばり自由研究：気象観測が今日からできる（保育社）
・図解 身近にあふれる「気象・天気」が3時間でわかる本（明日香出版社）
・胸キュン！ 虫図鑑 もふもふ蛾の世界（ときめき×サイエンス）（ジャムハウス）
・大人になってこまらない マンガで身につく 勉強が楽しくなるコツ（大人になってこまらないマンガで身につく）（金の星社）
・気象予報士（シリーズ"わたしの仕事"）（新水社）
・世界一まじめなおしっこ研究所（保育社）
・こんなに凄かった！伝説の「あの日」の天気（自由国民社）
・気象予報士・予報官になるには〔なるにはBOOKS〕（ぺりかん社）

◆ Webページ
【SNSまとめ】https://lit.link/2670
【youtube】https://www.youtube.com/user/tooriame25
【Instagram】https://www.instagram.com/daisuke_caneko/
【twitter】https://twitter.com/turquoisemoth
【facebook】https://www.facebook.com/turquoisemoth

図解　身近にあふれる「昆虫」が3時間でわかる本
2023年7月23日 初版発行

著者	金子大輔
発行者	石野栄一
発行	明日香出版社

〒112-0005 東京都文京区水道2-11-5
電話 03-5395-7650
https://www.asuka-g.co.jp

カバー・本文デザイン、イラスト、組版	末吉喜美
本文イラスト	パント大吉
校正	共同制作社

図解　身近にあふれる「気象・天気」が3時間でわかる本

金子 大輔 著

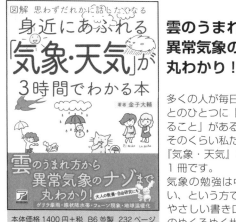

雲のうまれ方から、異常気象のナゾまで丸わかり！

多くの人が毎日欠かさずやっていることのひとつに「天気予報をチェックすること」があるはずです。
そのくらい私たちの身近な存在である『気象・天気』を総まとめで解説する1冊です。
気象の勉強は中学校以来やっていない、という方でも楽しみながら読めるやさしい書き口で、あなたを「天気」のめくるめく世界にお連れします。

本体価格 1400 円＋税　B6 並製　232 ページ
ISBN978-4-7569-2044-7　2019/08 発行

雲や前線、台風がどうやってできるのか？といった基本的なことから、
・雷はなぜジグザグに落ちてくるのか
・雪の結晶はなぜ六角形なのか
・台風はなぜ進行方向"右側"で風が強まるのか
・なぜゲリラ豪雨が増えているのか
といった気になることまで網羅。

また気象災害や温暖化が気になる方にも下記のような疑問はきっと気になるはず。
・フェーン現象って
・エルニーニョとラニーニャのちがいって
・温暖化になると大寒波がやってくる
・そもそも地球温暖化は進んでいるの

あなたもぜひ、身近な天気について 全 54 項目 +6 コラム で
楽しく学んでいきましょう！

図解 身近にあふれる「科学」が3時間でわかる本

左巻健男　編著

私たちの身の回りは、科学技術や科学の恩恵を受けた製品にあふれています。たとえば、液晶テレビ、LED電球、エアコン、ロボット掃除機、羽根のない扇風機などなど。ふだん気にもしないで使っているアレもコレも、考えてみればどんなしくみで動いているのか、気になりませんか？
そんなしくみを科学でひも解きながら、やさしく解説します。

本体価格1400円＋税　B6並製　216ページ
ISBN978-4-7569-1914-4　2017/07 発行

図解 身近にあふれる「生き物」が3時間でわかる本

左巻健男　編著

本書は、身近にいる生き物を、小さなものはウイルスから虫や鳥、大きなものはクマやマグロまで、そしてもちろん私たちヒトもふくめて、ぜんぶで63とりあげました。
教科書や図鑑のような解説ではなく、「どう身近なのか」「私たち人間との関係性」を軸にして、「へぇそうなんだ」と思える話をたくさん紹介します。

本体価格1400円＋税　B6並製　200ページ
ISBN978-4-7569-1959-5　2018/03 発行